高等职业院校计算机专业"十二五"规划系列教材

GAODENG ZHIYE YUANXIAO JISUANJI ZHUANYE SHIERWU GUIHUA XILIE JIAOCAI

高职高专校企合作项目式理实一体化系列教材

网页设计与制作

WANGYE SHEJI YU ZHIZUO

主　编　张莉莉　岳守春

副主编　曹小平　罗　强　程　静

参　编　张书波　彭　明　李宗伟

U0240192

重庆大学出版社

内容提要

本书围绕具体网页设计实例,采用项目引导、任务驱动的编写方式,全面、翔实地介绍了网页设计与制作的方法及其工具。全书共分为 7 个项目,分别是:企业网站展示、用表格制作企业网站首页、美化企业网站设计、企业网站素材处理、企业网站效果设计、网站中 Flash 动画设计与制作、企业网站留言簿。

本书适合高职高专院校计算机应用技术、计算机网络技术、多媒体技术等计算机相关专业以及电子商务专业的学生学习使用,也可以作为网页设计与制作初学者、网站开发人员和网页制作培训班学员等的参考用书。

图书在版编目(CIP)数据

网页设计与制作/张莉莉,岳守春主编.—重庆:重庆大学出版社,2014.8(2021.7 重印)
高等职业教育计算机专业"十二五"规划系列教材
ISBN 978-7-5624-8249-9

Ⅰ.①网… Ⅱ.①张…②岳… Ⅲ.①网页制作工具—高等职业教育—教材 Ⅳ.①TP393.092

中国版本图书馆 CIP 数据核字(2014)第 110088 号

高职高专校企合作项目式理实一体化系列教材
高等职业教育计算机专业"十二五"规划系列教材

网页设计与制作

主 编 张莉莉 岳守春
副主编 曹小平 罗 强 程 静
责任编辑:陈一柳 版式设计:黄俊棚
责任校对:刘雯娜 责任印制:赵 晟

*

重庆大学出版社出版发行
出版人:饶帮华
社址:重庆市沙坪坝区大学城西路 21 号
邮编:401331
电话:(023) 88617190 88617185(中小学)
传真:(023) 88617186 88617166
网址:http://www.cqup.com.cn
邮箱:fxk@ cqup.com.cn(营销中心)
全国新华书店经销
重庆市正前方彩色印刷有限公司印刷

*

开本:787mm×1092mm 1/16 印张:16.25 字数:395 千
2014 年 8 月第 1 版 2021 年 7 月第 8 次印刷
ISBN 978-7-5624-8249-9 定价:42.00 元

前　言

　　高等职业教育近些年来发展迅速,国家非常重视,教高〔2006〕16 号文件规定:高职教育培养的目标为高技能专门人才,提高学生的实践能力、创造能力等,采用"工学结合"的人才培养模式。网页设计对应企业中的岗位为:网页设计师、网页美工、页面设计、网页编辑、网站管理。

　　本书将上述岗位对应的技能型知识点作为主要内容,体现了"工学结合",融"教、学、做为一体"的高职教学理念。

　　本书编写的整体设计理念:按照"工学结合"的人才培养模式要求,基于工作过程导向,以项目和工作任务为载体、学生为主体,进行课程设计。将岗位的技能要求划分为若干任务对学生进行训练。同时本书在设计中既融入了先进的高职教育理念又考虑到学生在专业发展方面应具备的可持续发展能力,能够在一定程度上实现"理论够用,重在实践"。

　　本书由张莉莉、岳守春担任主编,曹小平、罗强、程静担任副主编。各项目编写的具体分工为:张莉莉完成项目一、项目三、项目五,岳守春完成项目二,曹小平、张书波、彭明完成项目四、项目七,罗强完成项目六,程静负责校对和排版等工作,岳守春负责全书的专业审稿工作。特别感谢重庆炎培网络科技有限公司的李宗伟先生为本书提供技术支持。

　　本书编写过程中得到很多企业专家的指导,很多高校专业教师也提出了宝贵的指导意见,参阅了很多网页设计方面的教材,借鉴、吸收了大量国内外学者的理论成果,在此一并表示感谢。由于编者知识水平、高职教育理念都很有限,疏漏的地方不可避免,望读者指正。

编　者

2014 年 5 月 8 日

目录 CONTENT

项目一　企业网站展示

在本项目的学习过程中,首先对一些优秀网页进行欣赏,从而激发对网页设计的学习兴趣,然后介绍常用网页设计的基本技术与方法。希望大家能通过这种方式理解并掌握本项目中介绍的相关知识。

【知识目标】

1. 了解 Internet 与 WWW 的含义。
2. 了解并掌握网页与网站的相关概念和术语,认识网页的基本构成。
3. 了解网页的布局结构、颜色搭配的方法。
4. 掌握常用的 HTML 标记含义及其应用。

【能力目标】

1. 具备使用 IE 浏览器浏览网页并获取信息的能力。
2. 具备网站建设与网页制作的规划的初步能力。
3. 具备分析优秀网页的布局结构、颜色搭配、视觉效果的能力。
4. 具备能够运用 HTML 语言常用标记制作基本网页文件的能力。

【预备知识】

一、网页的基本概念

1. WWW 简介

WWW 是 World Wide Web（环球信息网）的缩写,简称 3W(Web),中文名字为"万维网"。WWW 是一个以 Internet 为基础的计算机网络,它允许用户使用一台计算机通过 Internet 存取另一台计算机上的信息。从技术角度上说,环球信息网是 Internet 上支持 WWW 协议和超文本传输协议 HTTP(Hyper Text Transport Protocol)的客户机与服务器的集合,透过它可以存取世界各地的超媒体文件,内容包括文字、图形、声音、动画、资料库以及各式各样的软件。万维网是一个基于超文本方式的信息检索服务工具。这种把全球范围内的信息组织在一起的超文本方法,是采用指针链接的超网状结构。从信息的角度说,Internet 是一个集各个部门、各个领域的各种信息资源为一体,供上网用户共享的信息资源网。

Internet 提供的主要服务有万维网(WWW)、文件传输(FTP)、电子邮件(E-mail)、远程登录(Telnet)、在线聊天、网上购物、联网游戏和手机等。

2. 网页、网站和主页的概念

网页是网站的基本信息单位,是 WWW 的基本文档。它由文字、图片、动画、声音等多种媒体信息以及链接组成,是用 HTML 编写的,可在 WWW 上传输,能被浏览器识别显示的文本文件,其扩展名是. htm 和. html。

网站由众多不同内容的网页构成,网页的内容可体现网站的全部功能。

通常把进入网站首先看到的网页称为首页或主页(Homepage)。

3. URL 的概念

统一资源定位符(Uniform Resource Locator, URL)也被称为网页地址,是因特网上标准的资源的地址。是用于完整地描述 Internet 上网页和其他资源的地址的一种标志方法。

Internet 上的每一个网页都具有一个唯一的名称标志,通常称之为 URL 地址,这种地址可以是本地磁盘,也可以是局域网上的某一台计算机,更多的是 Internet 上的站点。简单地说,URL 就是 Web 地址,俗称"网址"。

URL 的一般形式是:

<通信协议> :// <主机名> : <端口> / <路径> / <文件名>

例如:http://www. tsinghua. edu. cn/publish/th/index. html

4. HTTP

HTTP(Hyper Text Transfer Protocol,超文本传输协议)是用于从 WWW 服务器传输超文本到本地浏览器的传送协议,是专门用于传输万维网中的信息资源,其常见服务见表 1-1。

表 1-1　Internet 上的常见服务

英文简称	中文名称	英文简称	中文名称
WWW	网页浏览	BBS	电子公告
E-mail	电子邮件	BLOG	博客
FTP	文件传输	Telnet	远程登录

5. IP 地址和域名

IP 是一种在 Internet 上的给主机编址的方式,也就是说 Internet 上的每台主机(Host)都有一个唯一的 IP 地址。现有的互联网是在 IPv4 协议的基础上运行的。IPv4 地址的长度为 32 位(共有 2^{32} 个 IP 地址),分为 4 段,每段 8 位,用十进制数字表示,每段数字范围为 0 ~ 255,段与段之间用句点隔开。例如 159.226.1.1。IP 地址分为 A、B、C、D、E 共 5 基本地址,常用的是 B 和 C 两类。A、B、C 三类地址所能表示的范围分别是:

A 类:0.0.0.0 ~ 127.255.255.255

B 类:128.0.0.0 ~ 191.255.255.255

C 类:192.0.0.0 ~ 223.255.255.255

随着互联网的迅速发展,IPv4 定义的有限地址空间将被耗尽,而地址空间的不足必将妨碍互联网的进一步发展。为了扩大地址空间,拟通过 IPv6 协议重新定义地址空间。IPv6 采用 128 位地址长度,几乎可以不受限制地提供地址。

由于 IP 地址是数字标志,使用时难以记忆和书写,因此在 IP 地址的基础上又发展出一种符号化的地址方案,来代替数字型的 IP 地址。这个与网络上的数字型 IP 地址相对应的字符型地址,就被称为域名。

入网的每台主机都具有类似于下列结构的域名:

主机号. 机构名. 网络名. 最高层域名

例如:北京电报局的一台与 Internet 联网的计算机主机的 IP 地址是 202.96.0.97,域名为 PUBLIC. BTA. NET. CN,其含义是: 主机号. 北京电报局. 网络中心. 中国,其中". NET. CN"表示为邮电网。

DNS(Domain Name System)域名服务系统,它的重要性是因为域名是企业的网上商标。所以,域名的命名要用有意义的英文或拼音组成,它是提供域名和 IP 地址的映射,见表 1-2。

表 1-2　常见顶级域名

组织机构域名		地理域名	
域名	含义	域名	含义
com	商业机构	cn	中国大陆
edu	教育机构	hk	中国香港
net	网络服务提供者	tw	中国台湾
gov	政府机构	mo	中国澳门
org	非盈利组织	us	美国
mil	军事机构	uk	英国
int	国际机构组织	jp	日本

6. HTML

HTML（Hypertext Markup Language），中文名称是超文本标记语言。它并不是一种程序语言，而是一种结构语言，不需要额外的软件进行编译，可以直接使用任何文本编辑器进行编写开发，只要有相应的浏览器程序就可以执行，它具有平台无关性。

7. 浏览器

网页浏览器（Browser），是个显示网站服务器或文件系统内的文件，并让用户与这些文件交互的一种应用软件。它用来显示在万维网或局域网等内的文字、图像及其他信息。

目前使用广泛的网页浏览器主要有微软的 Internet Explorer（简称 IE）、360 公司的 360 浏览器、腾讯公司的 QQ 浏览器、苹果公司的 Safari（苹果浏览器）、Mozilla 的 Firefox（火狐浏览器 FF）等。

二、优秀网站赏析

1. 企业类网站

"联想集团"网站（地址为：www. lenovo. com. cn），其首页给人以清爽、活力的感受。首页的整体布局为"上、中、下"三个版块，中间的主体内容又分为"左、中、右"三个版块。颜色以灰蓝和红色为主，灰蓝给人以清爽、雅致的感受，红色给人以活力、热情的感受，颜色对比较为强烈，重点突出。首页的动画效果展现了联想集团的宣传的品牌和品质。

2. 体育类网站

"国家体育总局"网站（网址为：www. sport. gov. cn），其首页整体视觉感受清新、和谐，在字体运用上有大有小，有静有动，有对比性；LOGO 标志的运用显出庄重感。首页的整体布局为"左、中、右"三个版块，左、中、右三块中又分别划分多个内容板块，每个内容板块都采用了不同颜色做标题装饰，在视觉方面给人醒目和新颖的感觉。整体使用蓝色，既统一又有变化，主体突出。

3. 教育类网站

"中国教育和科研计算机网"网站（网址为：www. edu. cn），其首页页眉采用红色，整体视觉感受是庄重、严肃。而其他位置使用蓝色系，给人的感受是自信、百折不挠、永不服输和挑战的精神。首页的整体布局为"左、中、右"三个版块，图片的动态效果突出要显示的主题。

4. 旅游类网站

"周庄——中国第一水乡"网站（网址为：www. zhouzhuang. com），该网站的首页是一个 Flash 引导页面，给浏览者以视觉感像和视觉冲击，以及听觉等方面的感官刺激，与浏览者形成有效的互动，让浏览者有要亲身体验的强烈愿望。主页题头由文字和图片制作的动画恰到好处，既突出了主题，又起到了广告作用。

三、网页布局的基本类型

网页的布局不可能像平面设计那么简单，除了可操作性外，技术问题也是制约网页布局的一个重要因素。虽然网页制作已经摆脱了 HTML 时代，但是还没有完全做到挥洒自如，这就决定了网页的布局是有一定规则的，这种规则使得网页布局只能在左右对称结构布局、"同"字形结构布局、"回"字形结构布局、"匡"字形结构布局、"厂"字形结构布局、自由式结构布局、"另类"结构布局等几种布局的基本结构中选择。

1. 左右对称型结构布局

对称型结构就是网站有一个对称轴,左右或者上下对称。这种网页在阅读上很明确地给出重要和次要区域的划分,根据习惯往往在比较大的位置上安排主要内容。

如图 1-1 所示,这个网页就是一个对称结构,左边是网站的导航、产品信息、版权信息、练习方式等,右边是网站的主要信息。其中最大的特点是把页面布局的 top 和 foot 放到了左边,body 放到了右边,形成一个对称结构。

图 1-1   左右对称结构

2. "同"字形结构布局

所谓"同"字形结构,就是整个页面布局类似"同"字,页面顶部是主导航栏,下面左右两侧是二级导航条、登录区、搜索区、连接栏目条等,中间是主内容区。

这种布局的优点是充分利用版面,页面结构清晰,左右对称,主次分明,信息量大;缺点是页面拥挤,太规矩呆板,如果细节色彩上缺少变化调剂,很容易让人感到单调乏味,如图1-2所示。

图 1-2   "同"字形结构

3. "T"字形布局

"T"字形布局是指页面的顶部是"网站标志＋广告条",左面是主菜单,右面是主要内容。这种布局的优点是页面结构清晰、主次分明,是初学者最容易上手的布局方法;缺点是页面呆板,如果不注意细节上的色彩,很容易让人"看之乏味",如图1-3所示。

图1-3 "T"字形结构

4. "国"字形布局

"国"字形布局是在"同"字形布局基础上演化而来的,在保留"同"字形的同时,在页面的下方增加一横条状的菜单或广告,是一些大型网站所喜欢采用的类型。这种布局一般最上面是网站的标题及横幅广告条,接下来就是网站的主要内容,左右分列一些内容,中间是主要部分,与左右一起罗列到底,最下面是网站的一些基本信息、联系方式、版权声明等。这种结构是在网上见到的最多的一种结构类型。

这种布局的优点是充分利用版面,信息量大,与其他页面的链接切换方便;缺点是页面拥挤,四面封闭,令人感到憋屈,如图1-4所示。

图1-4 "国"字形结构

5. 自由式结构布局(POP 布局)

POP 引自广告术语,是指页面布局像一张宣传海报,以一张精美图片作为页面的设计中心。这种类型大部分为一些精美的平面设计结合一些小的动画,再放上几个简单的链接或者仅是一个"进入"的链接,甚至直接在首页的图片上做链接而没有任何提示。这种布局大部分出现在企业网站和个人首页,如果处理得好的话,会给人带来赏心悦目的感觉,如图1-5所示。

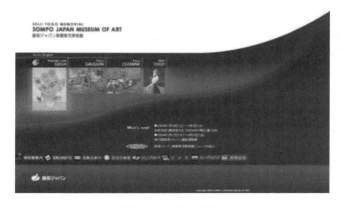

图 1-5　自由式结构

6. Flash 布局

这种布局是指整个或大部分幅面的网页本身就是一个 Flash 动画,它本身就是动态的,画面一般比较绚丽、有趣,是一个比较新潮的布局方式。这种类型与自由式结构是类似的,只是由于采用了 Flash 强大的功能,页面所表达的信息更丰富,其视觉效果及听觉效果不差于传统的多媒体,如图1-6 所示。

图 1-6　Flash 结构

7. 框架型布局

采用框架布局结构,常见的有左右框架型、上下框架型和综合框架型。由于兼容性和美观等因素,这种布局目前专业设计人员采用的已不多,不过在一些大型论坛上还是比较受青睐的,有些企业网站也有应用,如图1-7所示。

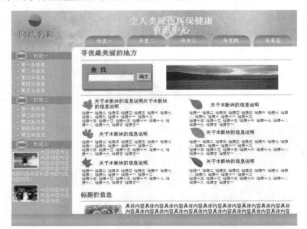 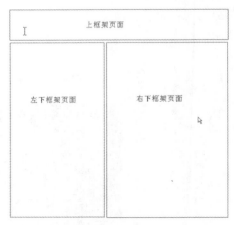

图 1-7　框架型结构

四、网页配色

一个与网站的主题相吻合的配色方案,不仅仅能让网站赏心悦目,更重要的是会在浏览者的心中建立对这个网站的认同感。如果选择色彩时过于草率,甚至没有针对网站进行配色的整体规划,制作过程中就没有一套统一的色彩体系,网站也就难以令人留下深刻的印象。

1. 基本色彩原理

颜色是由色相、明度和饱和度3个要素组成,这3个要素相互联系、不可分割。下面来看看三者的概念:

●色相:即各类色彩的相貌称谓,如大红、普蓝、柠檬黄等。从光学意义上讲,色相差别是由光波波长的长短产生的。事实上任何黑白灰以外的颜色都有色相的属性,而色相也就是由原色、间色和复色来构成的。

●饱和度:色彩的鲜艳程度,也称色彩的纯度。纯度越高,表现越鲜明,纯度较低,表现则较黯淡。

图 1-8　色环

●明度:颜色的明暗程度,也可以简单理解为颜色的亮度,明度决定于照明的光源的强度和物体表面的反射系数。

2. 网页色彩

（1）216 网页安全色

216 网页安全色是指在不同硬件环境、不同操作系统、不同浏览器中都能够正常显示的颜色集合（调色板）,也就是说这些颜色在任何终端浏览用户显示设备上的现实效果都是相同的。所以使用 216 网页安全色进行网页配色可以避免原有的颜色失真问题,如图 1-9

所示。

网络安全色是当红色（Red）、绿色（Green）、蓝色（Blue）颜色数字信号值（DAC Count）为0、51、102、153、204、255时构成的颜色组合，它一共有6×6×6＝216种颜色（其中彩色为210种，非彩色为6种）。

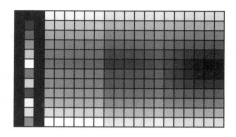

图1-9　安全色

以下是设计网页时选择颜色的几点注意事项：

①为了不让浏览者感到视觉疲劳，最好不要大面积地使用饱和度高的纯单色；

②为了不使网页颜色与原本的配色方案相差太远，最好使用网页安全色；

③为了增强网页的可读性，背景与文字内容的亮度差最好在102以上。

（2）色彩的心理感觉

不同的颜色会给浏览者不同的心理感受，与色彩的象征性相同的是，色彩带给人们的心理感受是会随时间、地点和环境等诸多因素而改变的，这里总结的是指广义上人们对不同色彩所产生的心理感受的共性。

● 红色——热情、活力、权威、自信、引人注目、能量充沛。有时候会有冲动、暴力、血腥、忌妒、容易造成心理压力。

● 黄色——象征信心、快乐、聪明、希望、天真、轻快、浪漫、娇嫩。艳黄色有不稳定、招摇，甚至挑衅的味道。

● 橙色——橙色给人阳光般的温情、亲切、坦率、开朗、甜美、饱满健康的感觉。

● 棕色——典雅、安定、沉静、平和、亲切，给人情绪稳定、容易相处的感觉。

● 紫色——紫色是优雅、浪漫、高贵、神秘、高不可攀的感觉。

● 白色——纯洁、明快、纯真、神圣、善良、信任与开放。

● 灰色——象征诚恳、沉稳、考究、中庸、温和、谦让。其中的铁灰、炭灰、暗灰，在无形中散发出智能、成功、强烈权威等强烈讯息；中灰与淡灰色则带有哲学家的沉静。

● 绿色——自由、和平、新鲜、舒适、清新、有活力、快乐，明度较低的绿则给人沉稳、知性的印象。

● 蓝色——希望、理想、独立、广阔、诚实、信赖与权威。

● 黑色——象征深沉、权威、高雅、低调、寂静、创意、执著、冷漠、压抑、防御。

● 粉色——温柔、甜美、浪漫、没有压力。

（3）网页的配色原则

● 色彩的鲜明性：网页色彩要鲜艳，容易引人注意。

● 色彩的独特性：要有与人不同的色彩，使得大家对你的印象强烈。

● 色彩的合适性：色彩要与表达的内容气氛相适合，如用粉色体现女性网站的温柔、甜美。

● 色彩的联想性：不同的色彩会产生不同的联想，蓝色联想到天空，黑色联想到黑夜，红色联想到喜事等，选择色彩要和网页的内涵相关联。

（4）网页配色搭配技巧

● 用一种色彩：这里指先选定一种色彩，然后通过调整透明度或饱和度产生新的色彩，用于网页。这样的页面看起来色彩统一,有层次感。

- 用两种色彩:先选定一种色彩,然后选择它的对比色。
- 用一个色系:简单地说就是用一个感觉的色彩,如浅蓝浅黄浅绿,或者土黄土灰土蓝。
- 用黑色和一种彩色:如大红的字体加黑色边框感觉很"跳"。
- 不要将所有的颜色都用到,尽量控制在三种颜色以内。
- 背景和前文的对比尽量要大,以突出主要文字内容。

(5)运用色块制作网页时需要掌握的几个要点

- 冷暖色调在均匀使用时不宜靠近。
- 纯度相同的两种颜色也不宜放在一起。
- 整个页面中最好有一个主色调,否则整个页面就显得凌乱。

五、HTML 简介

1. 初识 HTML

HTML(HyperText Markup Language),超文本标记语言,是一种专门用于创建 Web 超文本文档的编程语言,它能告诉 Web 浏览程序如何显示 Web 文档(即网页)的信息,如何链接各种信息。

标记语言是一种基于源代码解释的访问方式,代码中由许多元素组成,而前台浏览器通过解释这些元素显示各种样式的文档。换句话说,浏览器就是把纯文本的后台源文件以赋有样式定义的超文本文件方式显示出来。但它并不是一种程序语言,像 C 语言是编译语言,需要经过编译才能运行。而 HTML 是一种结构语言,不需要额外的软件进行编译,可以直接使用任何文本编辑器进行编写开发,只要有相应的浏览器程序就可以执行。

2. 基本概念

(1)标签

在 HTML 中用于描述功能的符号称为"标签",用尖括号" < > "括起来,需要记住的是,标签有双标签和单标签之分。

(2)属性

属性是为 HTML 标签提供更多的相关信息,对标签的内容进行更详细的控制。

属性和标签一样,并没有大小写的区分,一个开始标签后面可以加上多个属性,各属性之间没有先后顺序。而添加的属性都有一个属性值,值的选取必须是合法的,并且参数值最好加上引号。

格式是: < 标记名 属性 ="属性值"… >

(3)注释

HTML 语言和其他程序语言一样,也有注释语句,可以放在任何地方,不会显示到浏览器中,仅供编写人员阅读方便。

格式是: <! — 注释语句— >。

3. HTML 的语法结构

```
< html >
    < head >
```

```
<title>网页标题</title>
</head>
<body>
网页主体内容
</body>
</html>
```

● html 标签:用来识别文档类型,表示这对标签之间的内容是 HTML 文档。

● head 标签:位于文件的起始部分,它包含一些文件的相关信息,如作者,搜索关键字等。其中最常用的标签是标题标签,它的格式是 < title >网页标题 </title > , < title >……</title >标签一定要放在 < head >……</head >标签内。

● body 标签:是用来指定文档的主体内容,内容可以是文本、图像、动画、链接、音频、视频等,都要放在这对标签之间。

4. HTML 的语法规则

● HTML 文件必须以纯文本形式存放,扩展名. html 或. htm,若是 UNIX 操作系统,扩展名必须是. html。

● HTML 文件中所有标记要用尖括号" < >"括起来。

● HTML 标签和属性都不区分大小写。

● 大多数 HTML 标签可以嵌套,但不能交叉。

● HTML 文档一行可以书写多个标签,一个标签也可以分多行书写,不用任何续行符号,标点符号全部在英文状态下输写。

● HTML 源文件中的换行、回车符和多个连续空格在浏览时都是无效的。

● 网页中所有显示内容都应该受限于一个或多个标签,不能有游离于标签之外的文字或图像等,以免产生错误。

六、网站制作流程

网站设计是一个系统工程,具有特定的工作流程,遵循这个流程,才能设计出令人满意的网站。网站设计主要分为网站定位、内容规划、页面设计、网页制作、程序开发、发布推广、网站维护,如图 1-10 所示。

1. 网站定位

在网页设计前,首先要给网站一个准确的定位,是属于宣传产品的一个窗口,还是用来提供商务服务或者提供资讯服务性质的网站。因此在建立网站前应明确建设网站的目的,确定网站的功能,确定网站规模、投入费用、收入来源等进行必要的市场分析。只有详细的规划,才能避免在网站建设中出现的很多问题,使网站建设能顺利进行。

2. 网站内容规划

一个网站的成功与否与建站前的网站规划有着极为重要的关系。在设计之前,需先画出网站结构图,其中包括网站栏目、结构层次、连接内容。首页中的各功能按钮、内容要点、友情链接等都要体现出来,一定要切题,并突出重点,同时在首页上应把大段的文字换成标题性的、吸引人的文字,将单项内容交给分支页面去表达,这样才能显得页面精炼。分支页面要相对独立,切忌重复,导航功能要好。

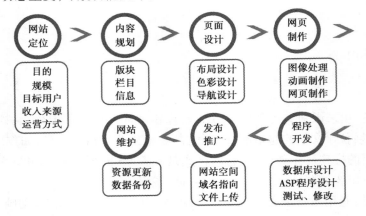

图 1-10　网站设计制作的工作流程

3.页面设计

对网站进行详细的规划之后,就可进入到设计阶段。网页页面的整体布局是不可忽视的,必须要合理地运用空间,让网页疏密有致、井井有条。

对于一个网站来说,首先要把所有的东西组织起来,而好的网站要做到主题鲜明突出,要点明确,以简单明确的语言和画面体现站点的主题。所以要调动一切手段充分表现网站的个性,从而突出网站的特点。

4.网页制作

(1)图像处理

网页中应适当添加一些图像,增加可看性,但无关紧要的图片最好不要放上去。使用图像一般应注意以下几个问题:

●图像是为主页中的内容服务的,不能喧宾夺主。

●图像要注意美观和大小,在保证质量的前提下尽量缩小图片的大小,一般控制在6 kB以内;如果是较大的图片,可以“分割”成小图片,否则会影响网页的传输速度。

●要使用在网页中支持的图像类型,颜色较少的图像,可处理为 GIF 格式;色彩比较丰富的图像,最好处理成 JPG 格式。

●网页中的图片最好添加注解。在图片下载速度较慢时,有助于浏览者了解是什么图片。

(2)动画制作

在网页中使用动画可以有效地吸引浏览者的注意,毕竟活动的图像比静止的图像文字更具有吸引力,因此,许多网站都加入了动画成分,特别是广告部分。

(3)网页制作

网页制作包括以下步骤:

①建立本地站点。建立站点根文件夹,用于存放首页、相关网页和网站中用到的其

他文件。

②在站点根文件夹下创建子文件夹。为了使文件安排比较清晰,将页面文件和图像文件分开存放。

③向站点添加所需要的空网页。

④设计网页尺寸。目前,大多数人的分辨率设置为 1 024×768,分辨率设置为 800×600 或 1 280×720 等只是少数,所以在网页设计时,页面大小一般以 1 024×768 为标准。不少设计者为了使页面在浏览器上显示最佳状态,让访问者舒适地浏览页面,而在页面的页眉或页脚处标注"建议分辨率为 1 024×768"字样。

⑤设计网页属性,像页面标题、背景图像等。

⑥向网页中插入文本、图像、动画等对象。

⑦建立所需要的超级链接。

⑧预览并保存网页。

5. 程序开发

动态网站从功能上简单地可以分成前台静态模块和后台动态模块。前面制作的效果图与网页编辑及动画制作简单可以理解为静态模块,而后台模块主要采用以下两种方式进行解决。

方式一:下载免费的网站管理平台,然后与前台整合,称之为代码融合。

方式二:所有功能完全自主开发,根据客户的要求定制,逐一实现功能。

以上两种方式各有利弊,方式一适用于初期网页设计的初学者,能够满足大多数通用网站,使用方法简单,缺点是不能随心所欲地实现通用以外的其他功能;方式二要求开发者能够具备一定的编程能力,对开发者要求较高,要求能够编写程序,属于网站开发的高级阶段,能够随心所欲实现各种功能。

6. 发布推广

当完成了网站的设计、调试、测试等工作后,需要利用 FTP 等工具将设计好的站点上传到申请的服务器上,完成整个网站的发布。在网站开通后,必须进行宣传推广,才能变得知名,从而提高网站的访问率,并带来经济效益。网站的宣传有多种方式,例如:在搜索引擎网站上进行注册、加入交换广告条、与别人的网站交换链接(友情链接)、直接跟客户宣传、传统媒体等。

7. 网站维护

网站必须定期维护、定期更新。维护主要包括检测网站的错误、保证网站正常运转、处理用户信息以及修正网页错误等;更新主要是定期更新网页内容,以保持站点内容的新鲜与活力,才能吸引浏览者。

任务一　欣赏网页

任务概述

使用 IE 浏览器(360 浏览器、火狐浏览器等)浏览不同类型的网页,在浏览过程中分析页面的布局结构和配色方案,然后通过不同的方式查看网页源代码,进一步认识网页源代码构成及书写规范。通过本任务的学习,学生能够:

①了解常见的网页布局结构。

②了解不同类型网站的配色方案。

③掌握在不同浏览器中查看网页源文件的方法。

操作流程

①使用不同的浏览器分别打开提供的"联想集团(www. lenovo. com. cn)""国家体育总局(www. sport. gov. cn)""中国教育和科研计算机网(www. edu. cn)"和"周庄(www. zhouzhuang.com)"的网站,对所浏览网站首页的特色和不足进行赏析说明,赏析的内容主要包括页面布局结构、颜色搭配、导航栏、文字效果、图片效果、动画效果等,并把分析结果形成文字信息。

②选择 IE 菜单"查看"→"源文件"命令,如图 1-11 所示;查看源文件执行结果,用 Ultra-Edit 打开网页文件,如图 1-12 所示。

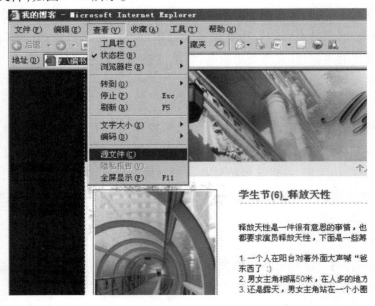

图 1-11　查看菜单操作

③查看源文件,观察并留言 HTML 文件中的各种标记,并体会 HTML 的语法规则。

```
file:///E:/Web/demo.html - 原始源
文件(F)  编辑(E)  格式(O)
 1
 2  <!DOCTYPE html PUBLIC "-//W3C//DTD XHTML
    1.1//EN" "http://www.w3.org/TR/xhtml11/DTD/xhtml11.dtd">
 3  <html xmlns="http://www.w3.org/1999/xhtml">
 4  <head>
 5  <meta http-equiv="Content-Type" content="text/html; charset=GB2312" />
 6  <title>文字网页设计</title>
 7  </head>
 8  <body text="#000000">
 9  <h1 align="center">公司简介</h1>
10  <hr color="#ffff00" width="1000" align="center" size="3">
11  <img src="images/map.jpg" alt="" width="" height="" border="">
12  <p align="left">      重庆美旭科技有限公司成立于2011年10月，位于重庆市永川区，是一家专注于企业
    信息网络化建设的营销型互联网企业。公司致力于电子商务在本地区，乃至全国的普及、应用与开发。同时
    公司也涵盖网站设计、开发软件设计、维护网络的建设及维护、计算机销售维护及周边耗材销售等业务。
13  <p align="left">      同时公司正在努力地筹建一个针对本地市场的网络营销平台，为众多经销商建立了
    良好的销售渠道，公司以专业的精神先从互联网的网站成功运营转向与传统商业经济相结合是一条相对独特
    的成功的运营方式，今后我们将继续坚持走独特和专业的道路，竭诚为客户提供可以信赖的专业服务，
    <font color="yellow" face="隶书">共同营造一个和谐共赢的网络商务平台。</font></p>
14  <hr color="#ffffff" width="1000" align="center" size="2">
15  <p> </p><p> </p><p> </p>
16  <p align="center">copyright&copy;2012重庆美旭科技有限公司
     http://www.meixu.com</p>
17  </body>
18  </html>
19
20
21
22
23
24
```

图 1-12　网页源文件内容

练　习

到互联网中浏览各种类型的网站，了解不同类型的网站在网页结构、网页色彩等方面的相关知识。

任务二　制作我的第一个网页

任务概述

学生通过创建一个空白网页能够：

①了解 HTML 文件的命名。

②了解 HTML 文档的基本结构及书写规范。

③初步认识文档标题、文档主体标记的意义。

操作流程

①打开"我的电脑"中的某个磁盘（如 E 盘），新建一个文件夹并命名为"MyBlog"，将该文件夹作为本地站点，双击打开，在空白处单击鼠标右键，在弹出的快捷菜单中选择"新建"→"文本文档"命令，如图 1-13 所示。

图 1-13　新建文本文件

图 1-14 警告揭示

②将新建的文本文档重命名为"Demo",扩展名为".html",按回车键后,会弹出如图1-14所示的对话框,单击"是(Y)"按钮。

③双击打开名为 Demo. html 文件,如图1-15,出现一个空白网页文件。

④使用 UltraEdit 打开 Demo. html 文件,输入如图1-16所示的标签,并保存文件。

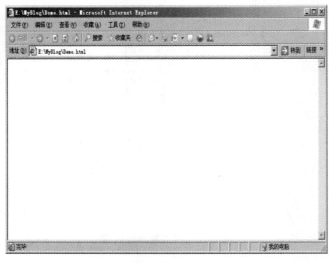

图 1-15 IE 浏览器打开的空白网页

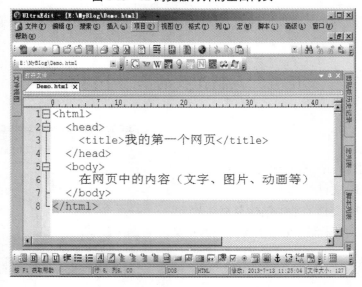

图 1-16 HTML 的基本结构

⑤刷新 IE 浏览器中保存后的 Demo. html,结果显示如图1-17所示。在标题栏上出现一行"我的第一个网页"字样,在页面空白处也出现一行"在网页中的内容(文字、图片、动画等)"字样。

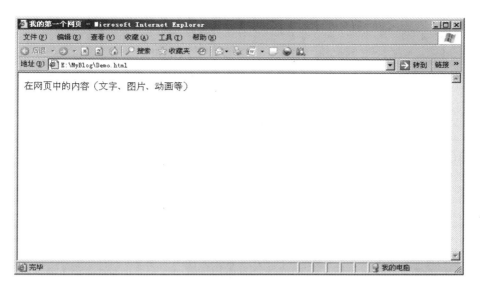

图 1-17　刷新后的空白网页效果图

练 习

在 E 盘上创建本地站点文件夹,并使用记事本书写 HTML 基本结构。

知识拓展

● 站点:站点可以看作是一系列文档的组合,这些文档之间通过各种链接关系起来,可能拥有相似的属性,站点实际上对应的是一个文件夹,我们设计网页就保存在这个站点(文件夹)中。站点分为两种:本地站点和远程站点。在 DreamWeaver 中,站点就是许多网页的集合。但是在制作网页的时候应该先建立站点,这样制作的网页,或是用到的图片会存入网页所在的站点中,并且网页中自动使用相对路径。

● 本地站点:本地站点通常指向本地计算机的一个文件地址,也就是说存储在本地计算机中的站点(文件夹)称为本地站点。

● 远程站点:发布到 web 服务器上的站点(文件夹)则称为远程站点。

项目二　用表格制作企业网站首页

在我们所见到的网页中,文字和图象是构成网页的最基本的两种元素,在网页中添加文字和图像并不困难,但更重要的是如何能让文字和图像看上去编排有序、整齐美观。因此,对于大家来说重要的问题是如何编排这些内容并能有效地控制它们的显示方式。通过本项目的学习,可以让大家熟练地使用表格来制作表 2-1 所示的网页效果。

图 2-1　企业网站首页制作效果

【知识目标】

1. 了解 XHTML 文档的基本结构及书写规范。
2. 掌握常用标签的功能。
3. 熟练掌握常用标签属性的使用。
4. 理解绝对路径和相对路径的概念。

【能力目标】

1. 培养学生收集、处理信息的能力。
2. 熟练掌握利用表格进行网页排版的方法与技巧。
3. 能够进行图文混排。

【预备知识】

一、HTML、XHTML 和 HTML5

HTML 即超文本标记语言，是为"网页创建和其他可在网页浏览器中看到的信息"设计的一种标记语言。HTML 被用来结构化信息——例如标题、段落和列表等,也可用来在一定程度上描述文档的外观和语义。

XHTML 编辑可扩展超文本标记语言,是一种置标语言,表现方式与超文本标记语言(HTML)类似,不过语法上更加严格。与 HTML 对比有如下区别:

①所有的标记都必须要有一个相应的结束标记。

②所有标签的元素和属性的名字都必须使用小写。

③所有的 XML 标记都必须合理嵌套。

④所有的属性必须用引号" "括起来。

⑤把所有 < 和 & 特殊符号用编码表示。

⑥给所有属性赋一个值。

⑦不要在注释内容中使"--"。

⑧图片必须有说明文字。

HTML5 是用于取代 1999 年所制定的 HTML 4.01 和 XHTML 1.0 标准的 HTML(标准通用标记语言下的一个应用)标准版本;现在仍处于发展阶段,但大部分浏览器已经支持某些 HTML5 技术。广义论及 HTML5 时,实际指的是包括 HTML、CSS 和 JavaScript 在内的一套技术组合。它希望能够减少浏览器对于需要插件的丰富性网络应用服务(plug-in-based rich internet application,RIA),如 Adobe Flash、Microsoft Silverlight、Oracle JavaFX 的需求,并且提供更多能有效增强网络应用的标准集。

二、XHTML 文档基础

1. XHMTL 文档结构

XHTML 文档是一种纯文本格式的文件,其编写的文档拥有固定的结构,包括 DTD 声明文档类型、HTML 数据、头部元素、主体元素 4 个部分,图 2-2 是 XHTML 文档的基本结构。

图 2-2   XHTML 文档的基本结构

【说明】

①结构的第 1、2 行代码称为 DOCTYPE 声明,DOCTYPE 是 Document Type(文档类型)的简写,用来声明使用 XHTML 的版本。DOCTYPE 必须为大写。其中的 DTD 称为文档类型定义,里面包含了文档的规则。浏览器根据定义的 DTD 来解释页面的标记,并显示出来。要建立符合标准的网页,DOCTYPE 声明是必不可少的关键组成部分。DOCTYPE 声明必须放在每一个 XHTML 文档的最顶部,在所有代码和标记之前。

②结构的第 3 行的作用是声明网页使用的名字空间。"xmlns"是 XHTML namespace 的缩写,称为"名字空间"。由于 XHTML 是 HTML 向 XML 过渡的标记语言,它需要符合 XML 文档规则,因此也需要定义名字空间。又因为 XHTML1.0 不能自定义标记,所以它的名字空间都相同,就是 http://www.w3.org/1999/xhtml。

③第 5、6 行定义语言编码。为了被浏览器正确解释和通过 W3C 代码校验,所有的 XHTML 文档都必须声明它们所使用的编码语言,一般使用 gb2312(简体中文)。

2. 标签分类与表示方法

XHTML 文档由标签和被标签的内容组成。主要分为双标签和单标签两种。

双标签格式为:

< 标签 属性 1 = "属性值 1" 属性 2 = "属性值 2"… > 受标记影响的内容 </标签 >

例如:< title > 我的第一个网页 </title >

有些标签不是成对的,称为单标签。其格式为:

< 标签　 属性 1 = "属性值 1" 属性 2 = "属性值 2"…/ >

例如:< img src = "图片文件路径" width = "200" height = "380" >

3. XHTML 代码规范

在编写代码时,必须遵循以下规范:

(1)所有的标记都必须有一个相应的结束标记

XHTML 要求有严谨的结构,所有标签必须关闭。如果是单独不成对的标签,则在标签最后加一个"/"来关闭它,例如,< br / > < img height = "80" alt = "网页设计师" src = "../images/logo_w3cn. gif" width = "200" / >

(2)所有标签的元素和属性的名字都必须使用小写

XHTML 对大小写是敏感的,< title > 和 < TITLE > 是不同的标签。XHTML 要求所有的标签和属性的名字都必须使用小写字母。例如,< BODY > 必须写成 < body >。大小写夹杂也是不被认可的。

(3)所有的标记都必须合理嵌套

同样,因为 XHTML 要求有严谨的结构,因此所有的嵌套都必须按顺序嵌套。例如,< p > < b > </b > </p >。就是说,一层一层的嵌套必须是严格对称的。

(4)所有的属性必须用引号括起来

例如:< input name = "guitar" type = "checkbox" value = "guitar" / >

(5)特殊符号"<""">"和"&"用编码表示

小于(<)号,必须被编码为 <大于(>)号,必须被编码为 >(&)号,必须被编码为 &amp。

（6）每个属性必须赋值

例如：< input type = "checkbox" value = "medium" checked = "checked" / >

（7）不要在注释内容中使用"--"

"--"只能出现在 XHTML 注释的开头和结束的位置。

任务一　创建简单网页

任务概述

在网页中对文字进行排版，并不像在 Word 软件中可以定义许多样式来进行，在网页中要让某一段文字按照你的要求进行排版，是要通过 HTML 标签及其相关属性来完成的。因此，本任务通过书写 XHTML 源代码，从而产生如图 2-3 所示的网页效果。通过本任务的学习，让学生能够掌握如下知识：

①熟练设置网页背景和文字颜色。

②熟练掌握强制换行标记、标题文字标记、水平线标记、段落标记、字体标记以及几个特殊字符。

③了解不换行标记、注释标记以及颜色的表示方法。

图 2-3　创建简单网页效果

操作流程

①打开"我的电脑"中的某磁盘（如 E 盘），新建一个文件夹，命名为"Web"并打开。

②在打开的文件夹的空白处单击右键，在弹出的快捷菜单中选择"新建"→"文本文档"命令。

③书写 XHTML 的基本结构，如下所示。

```
< html >
< head >
< meta http – equiv = "Content – Type" content = "text/html; charset = GB 2312" / >
< title > 文字网页设计 </ title >
</ head >
< body >
```

重庆美旭科技有限公司成立于 2011 年 10 月,位于重庆市永川区,是一家专注于企业信息网络化建设的营销型互联网企业。公司致力于电子商务在本地区,乃至全国的普及、应用与开发。同时公司也涵盖网站设计、开发软件设计、维护网络的建设及维护、计算机销售维护及周边耗材销售等业务。

同时公司正在努力地筹建一个针对本地市场的网络营销平台,为众多经销商建立良好的销售渠道。公司以专业的精神先从互联网的网站成功运营转向与传统商业经济相结合,今后公司将继续坚持走独特和专业的道路,竭诚为客户提供可以信赖的专业服务,共同营造一个和谐共赢的网络商务平台。

```
</ body >
</ html >
```

【说明】
● < html > …… </ html > 是网页文件的最外围的一对标签,它告诉浏览器整个文件是 HTML 格式,并且是从 < html > 开始,至 </ html > 结束。
● < head > …… </ head > 包含的是网页的头部信息,它的内容主要是被浏览器所使用,而不会显示在网页正文中。在 head 中可以包含标题 title 标签,用于 CSS 的 link 标签和 style 标签,用于 JavaScript 的 script 标签,以及特殊说明的 meta 标签。
● < body > …… </ body > 是 XHTML 文件的主体标签。它包含所有要在网页上显示的各种元素(主要有文字、图像、视频、Flash 动画等)。

④保存,命名为"intro. html",预览网页。
⑤修改网页背景和文字颜色,代码如下所示。

```
< html >
< head >
< meta http – equiv = "Content – Type" content = "text/html; charset = gb2312" >
< title > 文字网页设计 </ title >
</ head >
< body bgcolor = "#6600CC" text = "#FFFFFF" >
公司简介
</ body >
</ html >
```

⑥添加段落标签和换行标签,并将"公司简介"设置为标题文字;在"作者"和正文下方分别插入一条水平线,与正文文字隔开,代码如下所示。

```
< html >
< head >
< meta http – equiv = "Content – Type" content = "text/html; charset = gb2312" >
```

```
<title>文字网页设计</title>
</head>
<body bgcolor="#6600CC" text="#FFFFFF">
<h1 align="center">公司简介</h1>
<hr color="#ffff00" width="1000" align="center" size="3">
<p align="left">     重庆美旭科技有限公司成立于2011年
```
10月,位于重庆市永川区,是一家专注于企业信息网络化建设的营销型互联网企业。公司致力于电子商务在本地区,乃至全国的普及、应用与开发。同时公司也涵盖网站设计、开发软件设计、维护网络的建设及维护、计算机销售维护及周边耗材销售等业务。

```
<p align="left">     同时公司正在努力地筹建一个针对本
```
地市场的网络营销平台,为众多经销商建立良好的销售渠道。公司以专业的精神先从互联网的网站成功运营转向与传统商业经济相结合,今后公司将继续坚持走独特和专业的道路,竭诚为客户提供可以信赖的专业服务。

```
<font color="yellow" face="隶书">共同营造一个和谐共赢的网络商务平台。
</font>
</p>
<hr color="#ffffff" width="1000" align="center" size="2">
</body>
</html>
```

重点知识

◆设置网页背景和文字颜色

    <body>作为主体标签,除了用来定义网页中要显示的主要内容,还可以通过属性的修改来设计网页的总体风格。

    它的基本格式为:

    <body bgcolor="#" text="#" link="#" alink="#" vlink="#">

    其中:

- bgcolor:定义网页的背景颜色。
- background:定义网页背景图像文件(平铺)。
- text:定义网页中字符的颜色。
- link:定义网页中未访问过的超链接字符的颜色,默认为蓝色。
- vlink:定义网页中已访问过的超链接字符的颜色,默认为紫色。
- alink:定义被鼠标选中,但未使用时超链接字符的颜色,默认为红色。
- topmargin:定义网页页面的顶(上)边距(单位:像素)。
- leftmargin:定义网页页面左边距(单位:像素)。
- bgproperties:定义网页中背景墙纸固定不动(只适于 IE)。

注意#由 RGB 的 16 进制数码表示,或者是下列预定义色彩的英文单词,常见的颜色代码值见表 2-1 所示。

表 2-1　常见的颜色代码

颜色名	颜 色	颜色值	颜色名	颜 色	颜色值
LightPink	浅粉色	#FFB6C1	Orchid	兰花的紫色	#DA70D6
Pink	粉红	#FFC0CB	Plum	李子色	#DDA0DD
Crimson	猩红	#DC143C	Purple	紫色	#800080
DeepPink	深粉色	#FF1493	BlueViolet	深紫罗兰的蓝色	#8A2BE2
Fuchsia	灯笼海棠紫	#FF00FF	Blue	纯蓝	#0000FF
Indigo	靛青	#4B0082	DarkBlue	深蓝色	#00008B
Cyan	青色	#00FFFF	Navy	海军蓝	#000080
Aqua	水绿色	#00FFFF	Lime	酸橙色	#00FF00
Teal	水鸭色	#008080	Yellow	纯黄	#FFFF00
SeaGreen	海洋绿	#2E8B57	Gold	金色	#FFD700
Green	纯绿	#008000	Wheat	小麦色	#F5DEB3
Ivory	象牙色	#FFFFF0	Orange	橙色	#FFA500
Linen	亚麻布色	#FAF0E6	SandyBrown	沙棕色	#F4A460
PeachPuff	桃色	#FFDAB9	Chocolate	巧克力	#D2691E
GhostWhite	幽灵的白色	#F8F8FF	Gray	灰色	#808080
White	白色	#FFFFFF	Black	纯黑	#000000

◆ 段落标签、强制换行标签和不换行标签

☞　< p > 是段的意思,在文本中加上 < p > 后,页面的显示会先空出一行,然后再另起一行继续显示后面的文字,其作用相当于在文本编辑器中按两次"Enter"键。

格式:< p align = "对齐方式" > 文字 </p >

• align 属性值有左(left)、中(center)、右(right)。

☞　< br > 是强制换行标签,它是一个空标签。在文字后面加上 < br/ > ,表示后面的文字将另起一行进行显示,其作用相当于在编辑器中按下一次"Shift + Enter"键。

☞　< nobr > 是不换行标签,当公式或一行连续数字等不需要换行时,则使用该标签。

格式:< nobr > 文字或字符 </ nobr >

◆ 标题文字标签

< h# > :#取值 1 ~ 6,字体由大到小加粗显示(h1 最大,h6 最小),并自动换行。

格式:< h# > … </ h# >

其中在 < h# > … </ h# > 标记缺省显示宋体,在一个标题行中无法使用不同大小的字体。标题文字标签样式如图 2-4 所示。

◆ 文字标签(字体标签)

< font > 标签,用于控制文本在网页的显示,但不符合标准网页设计的理念,不建议使用。

格式：< font size ="大小值" color ="颜色值" face ="字体" > 文字 </font >

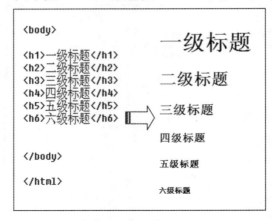

图 2-4　标题文字标签样式

其中：

- size 是字体大小，可直接设定，取值 1 ~ 7；也可取相对数值，默认值为 3。
- face 是字体。
- color 是文本颜色。

提示：使用样式（代替 < font > ）来定义文本的字体、字体颜色、字体尺寸。

◆ 水平线标签

< hr > 是一个空标签。它可以协调安排页面信息，使文本和其他对象区分开来。

格式：< hr color ="颜色值" width ="长度值" align ="对齐方式" size ="粗细值" >

其中：

- align 属性值有左（left）、中（center）、右（right）。
- size 是水平线的粗细，以像素为单位，默认值为 2。
- width 是水平线的长度，单位是像素或百分比，如设定长度为像素值，此时水平线的长度是固定的，不会随着窗口尺寸的改变而改变；如设定长度为百分比，则水平线的长度是相对的，当窗口宽度改变时，水平线的长度也随之改变。水平线默认宽度为窗口的 100%，也就是填满当前窗口。

⑦在页面底端插入版权中的©，代码如下所示。

< html >

< head >

< meta http – equiv ="Content – Type" content ="text/html；charset = gb2312" >

< title >文字网页设计 </title >

</head >

< body bgcolor ="#6600CC" text ="#FFFFFF" >

< h1 align ="center" >公司简介 </h1 >

< hr color ="#ffff00" width ="1000" align ="center" size ="3" >

< p align ="left" >　　重庆美旭科技有限公司成立于 2011 年 10 月，位于重庆市永川区，

是一家专注于企业信息网络化建设的营销型互联网企业。公司致力于电子商务在本地区，乃至全国的普及、应用与开发。同时公司也涵盖网站设计、开发软件设计、维护网络的建设及维护、计算机销售维护及周边耗材销售等业务。

＜p align ＝"left"＞　　同时公司正在努力地筹建一个针对本地市场的网络营销平台，为众多经销商建立良好的销售渠道，公司以专业的精神先从互联网的网站成功运营转向与传统商业经济相结合，今后公司将继续坚持走独特和专业的道路，竭诚为客户提供可以信赖的专业服务，＜font color ＝"yellow" face ＝"隶书"＞共同营造一个和谐共赢的网络商务平台。＜/font＞＜/p＞

＜hr color ＝"#ffffff" width ＝"1000" align ＝"center" size ＝"2"＞

＜p＞ ；＜/p＞＜p＞ ；＜/p＞＜p＞ ；＜/p＞

＜p align ＝"center"＞copyright&copy；2012 重庆美旭科技有限公司 ；http：//www. meixu. com ＜/p＞

＜/body＞

＜/html＞

重点知识

特殊字符

如何在网页中表现一些特殊的字符呢？比如，在网页中要显示出" ＞ "和" ＜ "时，就要将它们作为特殊字符输入，还有版权符号及注册商标符号等特殊字符都可以用字符实体来表示。常见的字符实体见表2-2。

表2-2　常见的字符实体

网页效果	含　义	字符代码	实体代码
非换行空格	非换行空格	；	；
©	版权符号	&copy；	&#169；
®	注册商标	&reg；	&#174；
＜	小于	&lt；	&#60；
＞	大于	&gt；	&#62；
"	双引号	&quot；	&#34
§	小节	&sect；	&#167；

⑧保存编写好的源文件，打开网页，查看最终的网页效果。

练　习

通过手工输入 HTML 代码的方式，制作如图2-5所示的网页。要求：标题的级别为标题h2、居中、黑体、红色；副标题的级别为标题h4、居中、楷体、绿色；正文为宋体、蓝色；其他文字为默认效果。整个网页背景色为淡黄色。

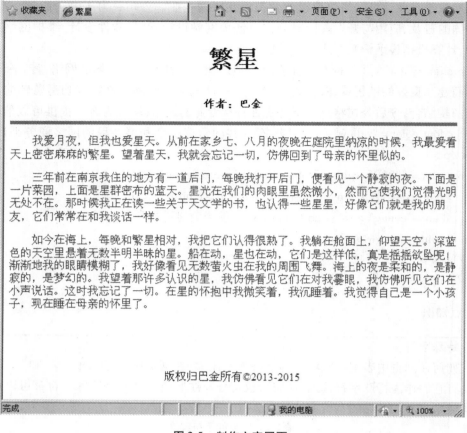

图 2-5　制作文字网页

任务二　图文混排设计

任务概述

图像是网页中不可缺少的元素,恰当地在网页中使用图片可以起到画龙点睛的作用。在这里将介绍网页中常见的图片格式,如何在网页中插入图片,以及设置图片的样式和插入的位置。在本项目中,通过书写 XHTML 源代码,大家可以制作简单的图文混排的网页,产生如图 2-6 所示的网页效果。因此通过本任务的学习,使学生能够掌握如下知识:

①理解绝对路径和相对路径的定义及使用方法。

②熟练掌握图像标签的书写规范。

③掌握超链接标签的使用,了解锚记链接。

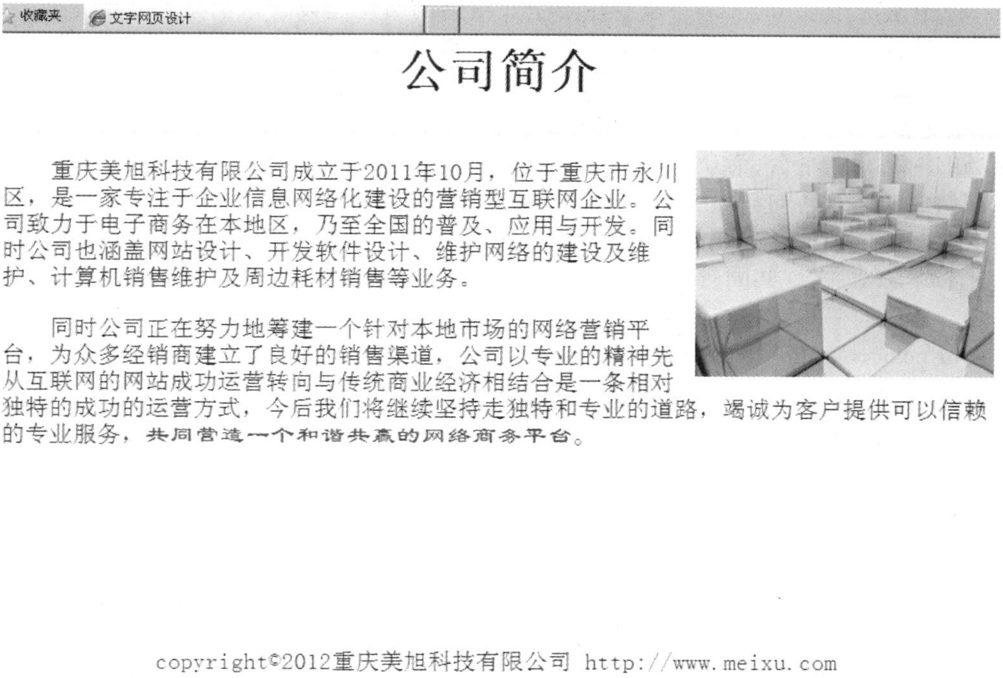

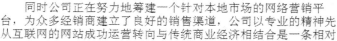

公司简介

　　重庆美旭科技有限公司成立于2011年10月，位于重庆市永川区，是一家专注于企业信息网络化建设的营销型互联网企业。公司致力于电子商务在本地区，乃至全国的普及、应用与开发。同时公司也涵盖网站设计、开发软件设计、维护网络的建设及维护、计算机销售维护及周边耗材销售等业务。

　　同时公司正在努力地筹建一个针对本地市场的网络营销平台，为众多经销商建立了良好的销售渠道，公司以专业的精神先从互联网的网站成功运营转向与传统商业经济相结合是一条相对独特的成功的运营方式，今后我们将继续坚持走独特和专业的道路，竭诚为客户提供可以信赖的专业服务，共同营造一个和谐共赢的网络商务平台。

copyright©2012重庆美旭科技有限公司 http://www.meixu.com

图2-6　图文混排网页

操作流程

①在 E 盘的命名为 Web 文件夹中，将上次练习的网页通过"打开方式"→"记事本"的方式打开。

②在 Web 文件夹中建立一个名为 images 文件夹，用于放置图片文件，将准备好的图片文件 map. jpg、banner. gif 复制到 images 文件夹中。

③继续编写网页，首先将网页的背景颜色设置去掉，并将文字颜色修改为黑色。在正文内容的最前面插入 map. jpg，代码如下所示。

```
< html >
< head >
< meta http – equiv = "Content – Type" content = "text/html; charset = gb2312" >
< title > 文字网页设计 </title >
</head >
< body bgcolor = "#6600CC" text = "#FFFFFF" >
    < h1 align = "center" > 公司简介 </h1 >
    < hr color = "#ffff00" width = "1000" align = "center" size = "3" >
    < a href = "http://www. meixu. com" >
    < img src = "images/map. jpg" alt = "美旭" width = "" height = "" border = "" >
    </a >
    < p align = "left" >     重庆美旭科技有限公司成立于 2011 年
```

10 月,位于重庆市永川区,是一家专注于企业信息网络化建设的营销型互联网企业。公司致力于电子商务在本地区,乃至全国的普及、应用与开发。同时公司也涵盖网站设计、开发软件设计、维护网络的建设及维护、计算机销售维护及周边耗材销售等业务。

    < p align = "left" >   同时公司正在努力地筹建一个针对本地市场的网络营销平台,为众多经销商建立了良好的销售渠道,公司以专业的精神先从互联网的网站成功运营转向与传统商业经济相结合是一条相对独特的成功的运营方式,今后公司将继续坚持走独特和专业的道路,竭诚为客户提供可以信赖的专业服务,< font color = "purple" face = "隶书" >共同营造一个和谐共赢的网络商务平台。 </font >

    </p >

    < hr color = "#ffffff" width = "1000" align = "center" size = "2" >

    < p > </p > < p > </p > < p > </p >

    < p align = "center" > copyright©2012 重庆美旭科技有限公司 http://www.meixu.com </p >

</body >

</html >

重点知识

> ◆ 绝对路径与相对路径
>
> ● 绝对路径:是指一个文件的完整 URL 或文件在硬盘上真正存在的路径,它包括所使用的协议(如 http://等)。例如"map.jpg"这个图片是存放在硬盘的"E:\web 基础"目录下,那么"map.jpg"这个图片的绝对路径就是"E:\web 基础\map.jpg"。但事实上,在网页编程时,很少会使用绝对路径,如果使用"E:\web 基础\map.jpg"来指定背景图片的位置,在自己的计算机上浏览可能会一切正常,但是上传到 Web 服务器上浏览就很有可能不会显示图片了。因为上传到 Web 服务器上时,可能整个网站并没有放在 Web 服务器的 E 盘,有可能是 D 盘或 H 盘。即使放在 Web 服务器的 E 盘里,Web 服务器的 E 盘里也不一定会存在"E:\web 基础"这个目录,因此在浏览网页时是不会显示图片的。
>
> ● 相对路径:就是相对于自己的目标文件位置。为了避免这种情况的发生,通常在网页里指定文件时,都会选择使用相对路径。例如上面的例子,"intro.html"文件里引用了"map.jpg"图片,由于"map.jpg"图片相对于"intro.html"来说,是在一个名为"images"的一个文件夹中,而这个"images 文件夹"与"intro.html"是在同一个目录的,那么要在"intro.html"文件里使用以下代码后,只要这两个文件的相对位置没有变(也就是说还是在同一个目录内),那么无论上传到 Web 服务器的哪个位置,在浏览器里都能正确地显示图片。
>
> 注意:相对路径使用"/"字符作为目录的分隔字符,使用"../"来表示上一级目录。如果有多个上一级目录,可以使用多个"../",例如"../../"代表上上级目录。假设"intro.html"文件所在目录为"E:\web 基础",而"map.jpg"图片所在目录为"E:\web 基础\images",那么"map.jpg"图片相对于"intro.html"文件来说,是在其所在目录的上级目录里的"images"子目录里,则引用图片的语句应该为:"images/map.jpg",如图 2-7 所示。

◆ 图像标签

使用图像标签＜img＞,可以把一幅图片加入到网页中。它是"单标签",即没有结束的标签。

书写格式:

＜img src ="图片文件名及其路径" alt ="替代文字" width ="图片宽度" height ="图片高度" border ="边框宽度" ＞

images　　intro.html

图 2-7　图文混排网页

其中:

- src:指出要添加图片的文件名以及其路径。
- alt:用于在浏览器中的图片不能正常显示时出现的替代文本。
- width:和 height 是用于设定图像的宽度和高度,其值可以为像素或百分比。
- border:用于设定是否给图片添加边框,其值越大,边框越粗。

◆ 超链接标签

超链接标签也是整个 XHTML 中最重要的一部分,虽然超链接类的标签只有一个,但是它的应用却相当灵活。

书写格式:＜ a href ="链接地址路径" target ="链接文本的窗口显示" name ="锚点名称" ＞…＜/a ＞

属性:

- href:是指要链接到的目标 URL 地址。
- target:其属性值有_blank、_self、_top 和_parent,用于指出要显示超链接内容的目标窗口。默认是_self,在当前窗口中显示。
- title:是给超链接设置提示文字。
- name:是指定链接点的名称(锚点链接时用)。

 知识拓展

网页中图像格式

GIF 意为 Graphics Interchange format(图形交换格式),GIF 图片的扩展名是 gif。现在所有的图形浏览器都支持 GIF 格式,而且有的图形浏览器只认识 GIF 格式。GIF 是一种索引颜色格式,在颜色数很少的情况下,产生的文件极小,它的优点主要有:

①GIF 格式支持背景透明。GIF 图片如果背景色设置为透明,它将与浏览器背景相结合,生成非矩形的图片。

②GIF 支持动画。在 Flash 动画出现之前,GIF 动画可以说是网页中唯一的动画形式。虽然并不是所有的图形浏览器都支持 GIF 动画,但是最新的图形浏览器都已经支持 GIF 动画。

③GIF 支持图形渐进。渐进是指图片渐渐显示在屏幕上,渐进图片将比非渐进图片更快地出现在屏幕上,可以让访问者更快地知道图片的概貌。

④GIF 支持无损压缩。无损压缩是不损失图片细节而压缩图片的有效方法,由于 GIF 格式采用无损压缩,所以它更适合于线条、图标、徽章和图纸。

JPEG 意为 Joint Photograhic Experts Group(联合图像专家组),这种格式经常写成 JPG,JPG 图片的扩展名为 jpg。它的最主要的优点有:

①JPG 格式能支持上百万种颜色。此外,由于 JPG 图片使用更有效的有损压缩算法,从而使文件长度更小,下载时间更短。这样就大大方便了网络传输和磁盘交换文件。

②JPG 较 GIF 更适合于照片,因为在照片中损失一些细节不像对具体线条那么明显。

但是从长远来看,JPG 随着带宽的不断提高和存储介质的发展,它也应该是一种被淘汰的图片格式,因为有损压缩对图像会产生不可恢复的损失。所以经过压缩的 JPG 的图片一般不适合打印,在备份重要图片时也最好不要使用 JPG。另外,JPG 也不如 GIF 图像那么灵活,它不支持图形渐进、背景透明,更不支持动画。

PNG 是 20 世纪 90 年代中期开始开发的图像文件存储格式,其目的是企图替代 GIF 和 TIFF 文件格式,同时 PNG 文件格式保留 GIF 文件格式的一些特性同时也增加了一些 GIF 文件格式所没有的特性。PNG 的特有:

每个像素为 48 bit 的真彩色图像;每个像素为 16 bit 位的灰度图像;可为灰度图和真彩色图添加 α 通道;添加图像的 γ 信息;使用循环冗余码(Cyclic Redundancy Code, CRC) 检测损害的文件;加快图像显示的逐次逼近显示方式;标准的读/写工具包;可在一个文件中存储多幅图像。

练 习

通过手工输入 XHTML 代码的方式制作如图 2-8 所示的网页。

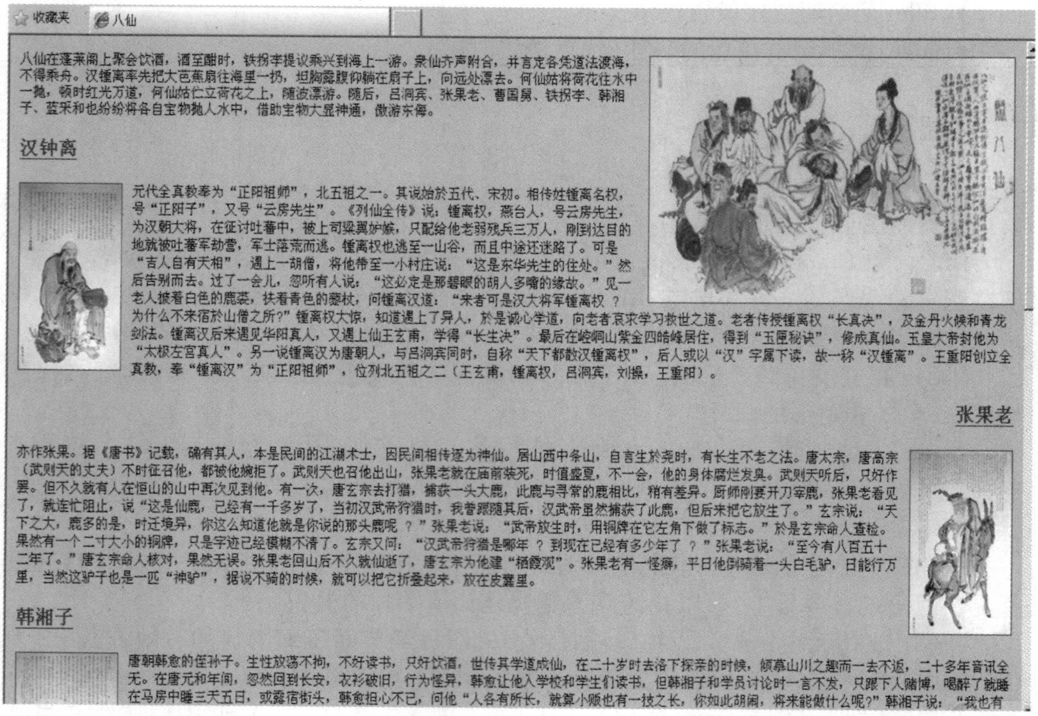

图 2-8　图文混排网页练习

任务三　制作课程表

任务概述

使用表格可以清晰地显示出数据,在本任务中就是介绍如何利用与表格相关的 HTML 标签以及相应的属性,从而使表格清晰显示数据的方法。通过书写 XHTML 源代码,产生如图 2-9 所示的网页效果。在本任务的学习中,要求学生能够掌握如下知识:

①熟练掌握表格、行、单元格等标签及其使用方法。

②能利用各标签的属性进行相应的设置。

③能对表格中的内容进行相应的设置。

<u>2013—2014 上期课程表</u>

	星期一	星期二	星期三	星期四	星期五
1.2	高等数学		概率统计	英语	
3.4	英语	毛泽东思想概论		高等数学	概率统计
5.6			体育		网页设计
7.8		网页设计			
9.10					

图 2-9　表格制作课程表

操作流程

①打开"我的电脑"中的"E 盘\web 文件夹"。

②在打开的文件夹的空白处单击右键,在弹出的快捷菜单中选择"新建"→"文本文档"命令,编写源文件,将网页标题修改为"2013—2014 上期课程表",再将表格标题设计为"2013—2014 上期课程表",居中,加下划线,代码如下所示。

```
< html >
< head >
< meta http – equiv ="Content – Type" content ="text/html; charset = gb2312" >
< title >2013—2014 上期课程表 </title >
</head >
< body >
  < h2 >
    < font size ="+5"> < u >2013—2014 上期课程表 </u > </font >
  </h2 >
</body >
</html >
```

重点知识

> **文本修饰标签**
>
> 文本修饰标签是对文本的外观进行修饰的标签,如让文字变色,加大,变粗体,添加下划线等,除了学习过的 < font > 和 < hx > 以外,还有表 2-3 所示的常用的文本修饰标签。

<p align="center">表 2-3　常用字体修饰表</p>

< b > </b >	黑体字	< strong > </strong >	特别强调,通常会以加粗显示
< i > </i >	斜体字	< em > </em >	强调文本,通常是斜体加黑体
< u > </u >	下划线	< tt > </tt >	打字机风格的字体
< s > </s >	加删除线	< cite > </cite >	引用,通常是斜体
< sup > </sup >	上标字符	< strike > </strike >	加删除线
< sub > </sub >	下标字符	< big > </big >	字体加大
< small > </small >	字体缩小	< kbd > </kbd >	键盘字效果

③插入一个 6 行 6 列的表格。先插入 1 行 6 列,其中表格宽度为 600,边框为 1,并且整个表格居中显示,代码如下所示。

```
< html >
< head >
< meta http – equiv = "Content – Type" content = "text/html; charset = gb2312" >
< title > 2013-2014 上期课程表 </title >
</head >
< body >
  < h2 >
    < font size = " + 5" > < u > 2013—2014 上期课程表 </u > </font >
  </h2 >
< table width = "600" border = "1" align = "center" >
< ! – – – – – – – – –这是第 1 行 – – – – – – – – – >
  < tr >
    < td >   </td >
    < td >   </td >
    < td >   </td >
    < td >   </td >
    < td >   </td >
    < td >   </td >
  </tr >
</table >
```

```
</body >
</html >
```

重点知识

> **表格**
>
> 　　最简单的表格仅包括行和列。表格标签为 < table > , 行标签为 < tr > , 单元格标签为 < td > 。格式为：
>
> 　　< table border = "边框粗细" width = "表格宽度" height = "表格高度" align = "表格对齐方式" >
>
> 　　　　< tr > < th > 表头 1 </th > < th > 表头 2 </th > < th > … </th > < th > 表头 n </th > </tr >
>
> 　　　　< tr > < td > 表项 1 </td > < td > 表项 2 </td > < td > … </td > < td > 表项 n </td > </tr >
>
> 　　　　　　……
>
> 　　　　< tr > < td > 表项 1 </td > < td > 表项 2 </td > < td > … </td > < td > 表项 n </td > </tr >
>
> 　　< /table >
>
> 　　通过以上格式可以看出,表格是逐行建立的,每一个表格中包含若干行,在每一行中再填入该行每一列的数据项。
>
> 　　表格内容在浏览器中显示时,在 < th > 标签中的文字按粗体、居中显示;在 < td > 标签中的文字按正常字体、居左显示。
>
> 　　表格的整体外观由 < table > 标签的属性决定。
>
> 　　其中：
>
> - align 用于整个表格在网页中的对齐方式,其值可为 left、right、center。
> - border 用于定义表格边框的粗细,其值为像素值,值为 0 时,表格无边框。
> - width 和 height 用于定义表格宽度和高度,其值可为像素值或百分比。

④复制表格中的行代码并粘贴,使表格成为 6 行 6 列,代码如下所示。

```
< html >
< head >
< meta http – equiv = "Content – Type" content = "text/html; charset = gb2312" >
< title >2013—2014 上期课程表 </title >
</head >
< body >
< h2 >
    < font size = " + 5" > < u >2013—2014 上期课程表 </u > </font > </h2 >
< table width = "600" border = "1" align = "center" >
< ! – – – – – – – – – –这是第 1 行 – – – – – – – – – >
  < tr >
```

```
    < td >   </ td >
    < td >   </ td >
    < td >   </ td >
    < td >   </ td >
    < td >   </ td >
    < td >   </ td >
  </ tr >
<! － － － － － － － － －这是第 2 行 － － － － － － － － － >
  < tr >
    < td >   </ td >
    < td >   </ td >
    < td >   </ td >
    < td >   </ td >
    < td >   </ td > < td >   </ td >
  </ tr >
<! － － － － － － － － －这是第 3 行 － － － － － － － － － >
……
```

⑤保存为网页,预览效果,可以看见一个没有任何内容的空表格已做好。将课表内容加入表格空白处,也就是把第一个" "修改为相应的课表内容,如课表中某一节次无课时,那么该单元格中" "不进行修改。

⑥将添加的文字设置为居中对齐,保存并预览。

重点知识

> **表格内文字的对齐方式**
>
> 　在缺省情况下,表项居于单元格的左端。可用列、行的属性设置表项数据在单元格中的位置。
>
> 　●水平对齐
>
> 　表项数据的水平对齐用标记 < th >、< td > 和 < tr > 的 align 属性。align 的属性值分别为:center(表项数据的居中)、left(左对齐)、right(右对齐)或 justify(左右调整)。
>
> 　●垂直对齐
>
> 　表项数据的垂直对齐用标记 < th >、< td > 和 < tr > 的 valign 属性。valign 的属性值分别为:top(靠单元格顶)、bottom(靠单元格底)、middle(靠单元格中)或 baseline(同行单元数据项位置一致)。

⑦对表格进行美化。先设置第一行的背景颜色为黑色,将文字颜色设置为白色,再设置其边框颜色为蓝色,代码如下所示。

```
< table width ="600" border ="1" align ="center" >
<! － － － － － － － － －这是第 1 行 － － － － － － － － － >
  < tr bgcolor ="#000000" align ="center" >
```

```
    < td >   </td >
    < td > < font color = "#FFFFFF" > < b > 星期一 </b > </font > </td >
    < td > < font color = "#FFFFFF" > < b > 星期二 </b > </font > </td >
    < td > < font color = "#FFFFFF" > < b > 星期三 </b > </font > </td >
    < td > < font color = "#FFFFFF" > < b > 星期四 </b > </font > </td >
    < td > < font color = "#FFFFFF" > < b > 星期五 </b > </font > </td >
  </tr >
<! － － － － － － － － －这是第 2 行 － － － － － － － － － >
  < tr bgcolor = "#000000" align = "center" >
    < td > 1. 2 </td >
    < td > 高等数学 </td >
    < td >   </td >
    < td > 概率统计 </td >
    < td > 英语 </td >
    < td >   </td >
  </tr >
<! － － － － － － － － －这是第 3 行 － － － － － － － － － >
……
```

重点知识

> **表格的色彩和图片背景**
>
> 　　在 < table > 、< th > 、< tr > 、< td > 标记中,使用下面的属性可以改变表格的背景、边框色彩、添加背景图片,也可以为行和单元格改变色彩、添加背景图片。
>
> 　　bgcolor = "色彩或色彩值"　　　　设置背景色彩
>
> 　　background = "图片文件名"　　　设置背景图片
>
> 　　bordercolor = "色彩"　　　　　　设置表格边框的色彩
>
> 　　bordercolorlight = "色彩"　　　　设置表格边框亮部的色彩
>
> 　　cellpadding = "像素值"　　　　　设置文本与单元格边框间的距离
>
> 　　cellspacing = "像素值"　　　　　设置单元格之间的距离,值为 0 时,为单实线
>
> 　　rules = "none"　　　　　　　　　设置表内线的显示方法,none 为无内线
>
> 　　如果把属性放到 < table > 中,其作用范围为整个表格,如果把属性放到 < tr > 中,则作用范围为整个行,如果把属性放到 < th > 、< td > 中,则作用范围为该单元格。

练　习

表格应用综合实例,完成如图 2-10 所示的显示效果。

设置表格内文字水平对齐和垂直对齐的工资一览表

工号	姓名	应发工资	扣款	实发工资
1001	黄药师	1 992	92	1 900
1002	洪七公	2 088	88	2 000

设置表格细线表格和内容水平居中对齐的工资一览表

工号	姓名	应发工资	扣款	实发工资
1001	黄药师	1 992	92	1 900
1002	洪七公	2 088	88	2 000

设置表格边框、尺寸以及背景和边框色彩的工资一览表

工号	姓名	应发工资	扣款	实发工资
1001	黄药师	1 992	92	1 900
1002	洪七公	2 088	88	2 000

设置表格表项间隙和表项内部空白的工资一览表

工号	姓名	应发工资	扣款	实发工资
1001	黄药师	1 992	92	1 900
1002	洪七公	2 088	88	2 000

设置表格内文字水平对齐和垂直对齐的工资一览表

工号	姓名	应发工资	扣款	实发工资
1001	黄药师	1 992	92	1 900
1002	洪七公	2 088	88	2 000

设置表格细线表格和内容水平居中对齐的工资一览表

工号	姓名	应发工资	扣款	实发工资
1001	黄药师	1 992	92	1 900
1002	洪七公	2 088	88	2 000

图 2-10　表格应用

任务四　制作表格排版网页

任务概述

在制作网页的过程中,经常要借助表格进行排版,在网页布局方面,表格起着比较重要的作用。通过设置表格及单元格的属性,对页面中的元素进行准确的定位。因此在本任务

中通过使用表格排版技术,利用 XHTML 源代码,从而产生如图 2-11 所示的网页效果。在本任务中,要让学生能够:

掌握表格的高级排版的方法与技巧。

图 2-11　表格制作网站首页效果

操作流程

①打开在 E 盘的命名为 Web 文件夹,将准备好的图片文件 map. jpg、banner. gif 复制到 images 文件夹中。

②在 Web 文件夹中新建一个空白网页,编写 XHTML 代码。

a. 首先设置网页标题,再将网页顶部空白设置为 0,代码如下所示。

```
< html >
< head >
< meta http – equiv = "Content – Type" content = "text/html; charset = gb2312" / >
< title >美旭科技/title >
< /head >
< body topmargin = "0px" >
< /body >
< /html >
```

b. 首先在正文部分编写代码加入一个 1 行 1 列的表格,使用表格居中,边框为 0,宽度为 950 px,单元格边距为 0,单元格间距也为 0。再插入图片 banner. gif,代码如下所示。

```
< html >
< head >
```

```
< meta http - equiv = "Content - Type" content = "text/html; charset = gb2312" / >
< title > 美旭科技 < /title >
< /head >
< body topmargin = "0px" >
< table width = "950" height = "90" border = "0" align = "center" cellpadding = "0" cellspacing = "0" >
  < tr >
    < td > < img src = "images/banner. gif" alt = " " width = "950" height = "90" / > < /td >
  < /tr >
< /table >
< /body >
< /html >
```

c.与上一步骤相同的方法,在第一个表格下面,再插入一个 1 行 1 列的表格,制作导航条。

d.与上一步骤相同的方法,在第二个表格下面,再插入一个 2 行 2 列的表格,宽度为 950 px,边框、单元格边距与单元格间距均为 0。制作主体内容。在第 2 行第 2 列单元格内嵌套一个 3 行 1 列的表格,宽度为 100%,边框、单元格边距与单元格间距均为 0,代码如下所示。

```
< table width = "950" height = "253" border = "0" cellpadding = "0" cellspacing = "0" align = "center" >
  < tr >
        < td >   < /td >
        < td >   < /td >
  < /tr >
  < tr >
    < td >   < /td >
    < td > < table width = "100%" border = "0" cellspacing = "0" cellpadding = "0" >
      < tr >
      < td >   < /td >
    < /tr >
        < tr >
      < td >   < /td >
        < /tr >
        < tr >
      < td >   < /td >
  < /tr >
  < /table > < /td >
< /tr >
< /table >
```

e. 在插入的嵌套表格中,分别添加指定的图片和文字,并按效果图分别设置不同的对齐方式(文字内容可以由教师提供给学生进行复制),代码如下所示。

```
< table width = "100%" border = "0" cellspacing = "0" cellpadding = "0" >
        < tr >
            < td > < img src = "images/map. jpg" width = "200" height = "200" hspace = "20"
vspace = "20" / > </td >
        </tr >
        < tr >
            < td height = "30" bgcolor = "#FFD7EB" >联系我们 </td >
        </tr >
        < tr >
            < td height = "13" >
                联系电话:023-49123456 < br / >
                腾讯 QQ:123456 < br / >
                电子邮件:web@ meixu. com < br / >
                公司地址:重庆市永川区人民大道 76 号
            </td >
        </tr >
</table >
```

f. 保存源文件,查看网页最终效果。

知识拓展

表格的高级排版

表格将文本和图片按行、列排列,有利于表达信息,可以更加合理地对图片和文本进行排版。

● cellpadding 和 cellspacing

上次课已经简单介绍过这两个属性,cellpadding 的意义是"单元格边距",默认值为"1";cellspacing 的意义是"单元格间距",默认值为"2"。

但在使用表格排版时,往往会设置 cellpadding 和 cellspacing 的值为0。

● bordercolor,bordercolorlight 和 bordercolordark

有时可以将表格设计成立体阴影效果,就可以用到这些属性,其中:
bordercolor 用于设置表格边框的色彩,bordercolorlight 用于设置表格边框亮部的色彩,bordercolordark 用于设置表格边框暗部的颜色。

练 习

表格排版网页综合实例。编写源文件,完成如图 2-12 所示的显示效果。

图 2-12　实例制作

任务五　设计在线留言网页

任务概述

一个网站不仅需要有供用户浏览的网页,还需要有与用户进行交互的表单页面,因为表单是实现用户调查、产品定购以及对象搜索等功能的重要手段。因此本任务要求制作一个表单网页,该表单网页中包含表单域、文本域、文本区域、单选按钮、复选框、列表/菜单等表单元素,产生如图 2-13 所示的网页效果。通过本任务的学习,让学生能够掌握如下知识:

图 2-13　制作表单页面效果

①掌握 form 标签的概念,了解常用属性的使用方法;

②掌握常见表单控件的标签及属性。

操作流程

①打开上个任务中制作的 index. html 的源文件,选择"文件"→"另存为"命令,保存名为"message. html",修改 XHTML 代码。首先是网页标题,代码如下所示。

```
<! DOCTYPE html PUBLIC "-//W3C//DTD XHTML 1.1//EN"
"http://www.w3.org/TR/xhtml11/DTD/xhtml11.dtd">
<html xmlns="http://www.w3.org/1999/xhtml">
<head>
<meta http-equiv="Content-Type" content="text/html; charset=gb2312" />
<title>美旭科技留言</title>
</head>
<body topmargin="0px">
```

②在正文部分添加一个 10 行 2 列的嵌套表格,宽度为 80%,边框为 0,单元格边距为 2,单元格间距为 1,将整个表格的背景色设置为#BCBCBC(灰色),所有单元格的背景色为#FFFFFF(白色),并将第 10 行的 2 个单元格合并,代码如下所示。

```
<table width="80%" border="0" cellpadding="2" cellspacing="1"
bgcolor="#BCBCBC" class="formwz">
  <tr>
    <td bgcolor="#FFFFFF"> </td>
    <td bgcolor="#FFFFFF"> </td>
  </tr>
  ……
  <tr>
    <td colspan="2" bgcolor="#FFFFFF"> </td>
  </tr>
</table>
```

重点知识

跨多行、多列的单元格(即合并单元格)

● 跨多列的单元格(即水平方向上合并)<td colspan="单元格数">

```
<table>
<tr> <td colspan="3"> Morning Menu </td>                    </tr>
<tr> <td>Food</td>      <td>Drink</td>      <td>Sweet</td>  </tr>
<tr> <td>A</td>         <td>B</td>          <td>C</td>      </tr>
</table>
```

Morning Menu		
Food	Drink	Sweet
A	B	C

● 跨多行的单元格（即垂直方向上合并）< th rowspan = "单元格数" >

< table >

< tr > < td rowspan = "3" > Morning Menu </td > < td > Food </td > < td > A </td >

</tr >

   < tr >   < td > Drink </td > < td > B </td > </tr >

   < tr >   < td > Sweet </td > < td > C </td > </tr >

</table >

Morning Menu	Food	A
	Drink	B
	Sweet	C

③分别在前 9 行的第 1 列中输入效果图中的文字。

④下面开始设计表单。首先分别在表格标签的前后添加表单域标签,代码如下所示。

< form id = "form1" name = "form1" action = "" method = "post" >

< table width = "80%" border = "0" cellpadding = "2" cellspacing = "1"

bgcolor = "#BCBCBC" class = "formwz" >

  < tr >

    < td bgcolor = "#FFFFFF" > 主题：</td >

    < td bgcolor = "#FFFFFF" > </td >

  </tr >

  ……

  < tr >

    < td colspan = "2" bgcolor = "#FFFFFF" > </td >

  </tr >

</table >

</form >

⑤完成表单中表单控件的添加,如文本域、文本区域,代码如下所示。

< form id = "form1" name = "form1" action = "" method = "post" >

< table width = "80%" border = "0" cellpadding = "2" cellspacing = "1"

bgcolor = "#BCBCBC" class = "formwz" >

  < tr >

    < td bgcolor = "#FFFFFF" > 主题 * ：</td >

    < td bgcolor = "#FFFFFF" >

```
< input name = ″subject″ type = ″text″ id = ″textfield″ value = ″ ″ size = ″40″ / >
        </td >
    </tr >
    < tr >
        < td align = ″right″ bgcolor = ″#FFFFFF″ >内容 * : </td >
        < td align = ″left″ bgcolor = ″#FFFFFF″ >
        < textarea name = ″textarea″ id = ″textarea″ cols = ″45″ rows = ″8″ > </textarea >
        </td >
    </tr >
    < tr >
        < td colspan = ″2″  bgcolor = ″#FFFFFF″ >  </td >
    </tr >
</table >
</form >
```

⑥最后应添加两个按钮,一个用于"提交留言",一个"重写",代码如下所示。

```
</tr >
……
< tr >
        < td colspan = ″2″ align = ″center″ bgcolor = ″#FFFFFF″ >
        < input type = ″submit″ name = ″button″ id = ″button″ value = ″提交留言″ / >
        < input type = ″reset″ name = ″button2″ id = ″button2″ value = ″重写″ / >
        </td >
    </tr >
</table >
</form >
```

⑦保存源文件,查看网页最终效果。

重点知识

◆ form 标签

　　表单的功能主要是为了实现浏览网页的用户与服务器之间的交互,通过表单可以将用户的信息发送到服务器上,以供处理。利用表单处理程序,可以收集、分析用户的反馈意见。与表单有关的标签主要有 < form >、< input >、< textarea >以及 < select >等。

```
< form id = ″form1″ method = ″get|post″ action = ″url″ >
……
</form >
```

其中:

● id:用来设置表单的名称,同一个页面中的表单应该有不同的名称。

- method：用来设置表单数据发送到服务器的方式，一般采用 post 方式。

post：表单信息将以文件的形式提交，对信息长度没有限制。

get：将表单信息附加在 URL 地址的后面提交到服务器，受 URL 长度限制，不能传送大表单。

默认的方式为 get。

- action：用来设置处理该表单的动态页或用来处理表单数据的程序路径。如果希望该表单通过 E-mail 方式发送，则可以输入"mailto：E-mail 地址"。

< form > … < /form > 中不能嵌套有其他的 < form > 标签。

◆ 常用表单控件

⚐ 文本域控件

在表单中如果要求浏览者输入文字信息，如姓名、密码等可插入文本域，所使用的标签为 < input >。

书写格式为：< input name ="名称" type ="text" size ="初值" / >

其中：

- name：属性是该控件的名称。

- type：属性设置文本域的类型，其值为 text 时，显示的单行文本框，值为 password 时，显示的是密码框，即在文本域中输入的文本显示为"＊"。

- size：属性定义的是文本域的宽度。

⚐ 文本区域控件

在表单中如果要求浏览者输入多行文本时，可插入文本区域控件(也称为多行文本域)，所使用的标签为 < textarea >。

书写格式为：< textarea name ="名称" cols ="初值" rows ="行数" > < /textarea >

其中：

- cols 属性：设置多行文本框的宽度。

- rows 属性：设置多行文本框的高度，默认值为 2。

⚐单选按钮控件

单选按钮通常是提供唯一性选择，即在一组单选框中只能选择其中之一，所使用的标签为 < input >。

书写格式为：< input name ="名称" type ="radio" checked ="checked" / >

其中：

- name 属性是该控件的名称，同一组单选按钮的名称是一样的。

- checked ="checked"表示是默认选项。

- type ="radio"表示当前 < input >是单选按钮。

⚐ 复选框控件

复选框通常是提供多个选项，即在一组选项中可同时选择多个项；所使用的标签为 < input >。

书写格式为：＜input name＝"名称" type＝"checkbox" checked＝"checked" /＞

其中：

- name 属性是该控件的名称,同一组复选框的名称是不同的。
- checked＝"checked"表示是默认选项。
- type＝"checkbox"表示当前＜input＞是复选框。

✍　列表/菜单控件

列表/菜单的功能是可以列举很多选项供浏览者选择,其中最大的好处是可以在有限的空间内为用户提供更多的选项,非常节省版面。其中"列表"提供了一个滚动条,它使用户可以浏览许多选项,并进行多重选择;而"菜单"默认只是一项,用户可以单击打开菜单但只能选择其中的一项;所使用的标签为＜select＞和＜option＞。

书写格式为：＜select name＝"select"＞

   ＜option　selected＝"selected"＞选项内容＜/option＞

   ＜option　＞选项内容＜/option＞

   ……

   ＜/select＞

其中：

- selected＝"selected"表示该项是默认选中状态。

✍　表单按钮控件

按钮是用于响应单击并执行指定的任务,分为提交按钮(按下时发送表单的内容)、无(普通按钮)和重置按钮(按下后表单的内容还原为默认状态);所使用的标签为＜input＞。

提交按钮和重置按钮的书写格式：

＜input type＝"submit" value＝"按钮上的文字" /＞

＜input type＝"reset" value＝"按钮上的文字" /＞

练　习

表单网页综合实例。编写源文件,完成如图 2-14 所示的表单元素及浏览效果。

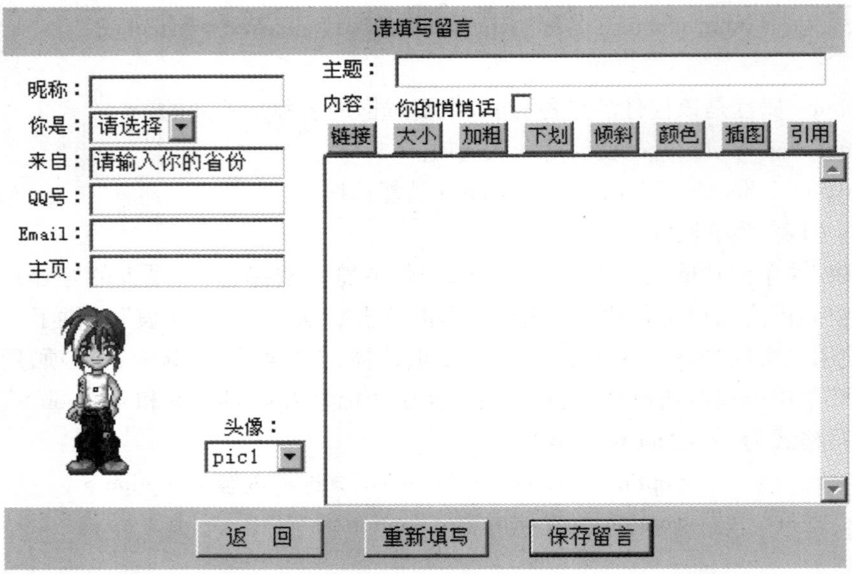
请填写留言
昵称：
你是：
请选择
来自：
请输入你的省份
QQ号：
Email：
主页：
头像：
pic1
主题：
内容：
你的悄悄话
链接
大小
加粗
下划
倾斜
颜色
插图
引用
返　回
重新填写
保存留言

图 2-14　表单网页实例

项目三 美化企业网站设计

在 Dreamweaver8 中的用于美化网页的样式与 Word 中的样式是类似的,能够使用户更加有效、方便的对网页中的元素进行控制。因此本项目要求大家能够熟练运用 Dreamweaver8(DW8)进行创建和设计企业网站;并能够熟练运用层叠样式表(CSS)对网页的样式进行修饰和美化,其首页页面效果如图 3-1 所示。

图 3-1 美化网站首页效果

【知识目标】

1. 熟悉 DW8 工作环境。

2. 掌握 DW8 创建、编辑和保存网页的操作方法和技巧。

3. 掌握本地站点的创建和管理方法。

4. 了解 CSS 基本知识与掌握 CSS 基本语法。

5. 掌握在网页中对不同样式表的应用方法和技巧。

6. 熟悉行为的基本概念、操作方法和技巧。

7. 了解模板和框架的创建、编辑和应用。

【能力目标】

1. 培养学生熟练操作 DW8 的能力。
2. 培养学生创建、设计、编辑和发布网站的能力。
3. 培养学生使用 CSS 编辑页面的能力。

【预备知识】

一、Dreamweaver 8 中文版

Macromedia Dreamweaver 8 是建立 Web 站点和应用程序的专业工具。它将可视布局工具、应用程序开发功能和代码编辑支持组合在一起,其功能强大,使各个层次的开发人员和设计人员都能够快速创建界面吸引人的基于标准的网站和应用程序。

Dreamweaver 8 工作界面及使用,如图 3-2 所示。

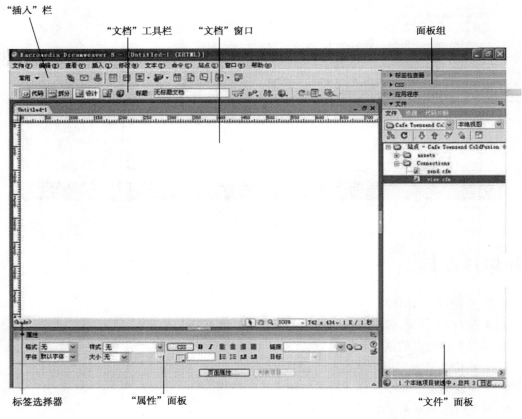

图 3-2　Dreamweaver 8 工作界面

1."插入"工具栏

"插入"工具栏包含用于将各种类型的"对象"(如图像、声音、动画、表格、表单等)插入到文档中的按钮。

2."文档"工具栏

"文档"工具栏包含用于选择所需开发环境的"代码""拆分""设计"按钮和多个下拉菜单,它们提供各种"文档"视图、各种查看选项和一些常用操作。

3.文档窗口

文档窗口也称为文档编辑区。文档窗口中所显示的内容可以是代码、网页,或两者的共同体。用户可以在文档工具栏中单击"代码""拆分""设计"按钮,选择所需要的开发环境。

4."属性"面板

"属性"面板用于查看和更改所选取的对象或文本的各种属性,每个对象有不同的属性。"属性"面板比较灵活,它随着选择对象不同而改变,例如当文档窗口中是一张图片时,"属性"面板上将出现图像的对应属性;如为文字,则"属性"面板会显示文字的相关属性。

5.面板组

DW8 包括多个面板,这些面板都有不同的功能。面板组主要包括"CSS"面板、"应用程序"面板、"标签检查器"面板、"文件"面板等,各个面板可以打开或关闭。

查看页面设计的整体效果时,可以直接按"F4"键隐藏全部面板,再次按"F4"键则可重新显示全部面板。

"文件"面板是常用的一种面板,主要用来管理文件和文件夹,可以访问本地磁盘上的全部文件。"文件"面板主要有三个方面的功能:①管理本地站点,包括新建文件和文件夹,对文件和文件夹进行重命名等相关操作;②管理远程站点,包括文件上传下载、更新等;③连接网络服务器,预览动态网页,如图3-3 所示。

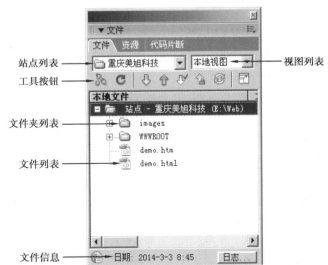

图3-3　文件面板

二、站点的创建与管理

1.站点的概念

在 Dreamweaver 中,站点分为两部分:一是在本地计算机上的一组文件(也称为本地站点),二是远程服务器上的一个位置(也称为远程站点)。

● 本地站点:一个站点(site)是一个存储区,它存储了一个网站包含的所有文件。通俗地说,一个站点就是一个网站所有内容所存放的文件夹。Dreamweaver 的使用是以站点为基础的,必须为每一个要处理的网站建立一个本地站点。

●远程站点：在 Internet 上浏览各种网站，其实就是用浏览器打开存储于 Internet 服务器上的 HTML 文档与其他相关资源。基于 Internet 服务器的不可知特性，我们通常将存储于 Internet 服务器上的站点和相关文档称作远程站点。

2. 本地站点的创建

①在本地磁盘上新建一个用来存放本地站点的文件夹，命名为"美旭科技"。

②选择"站点"→"新建站点"命令，出现"管理站点"对话框，单击"新建"按钮，然后选择"站点"命名。

③打开"站点定义"对话框，在"站点定义"对话框上方有两个选项卡："基本"和"高级"，单击"高级"选项卡，从"分类"列表中选择默认选项"本地信息"。

④在"站点名称"文本框中，输入自定义的站点名称；在"本地根文件夹"文本框中，指定本地根文件夹的目录位置（可以通过"文件夹图标"按钮选择该文件夹或在文本框中输入所在路径）；在"默认图像文件夹"文本框中，指定事先创建的用来存放网站图片文件的图片文件夹的路径。

⑤核对无误后，单击"确定"按钮，出现"管理站点"对话框，显示定义的新站点。再单击"完成"按钮，结束"站点定义"对话框的设置。此时，"文件"面板中显示了刚才新建的站点。

三、CSS 的初步体验

1. CSS 的概念和特点

CSS 是 Cascading Style Sheets（层叠样式表）的简称，更多的人把它称作样式表。顾名思义，它是用于控制网页样式并允许将样式信息与网页内容分离的一种标记性语言。CSS 是 1996 年由 W3C 审核通过，并且推荐使用的。借助 CSS 的强大功能，网页将在用户丰富的想象力下千变万化。CSS 可以更精确地控制页面的版式风格和布局，它将弥补 HTML 对网页格式化的不足。利用 CSS 可以设置字体变化和大小、页面格式的动态更新和排版定位等。CSS 的引入随即引发了网页设计一个又一个新高潮，使用 CSS 设计的优秀网页层出不穷。

CSS 的特点：将格式和结构分离；控制页面布局；制作体积更小下载更快的网页；更新速度更快；更有利于搜索引擎的搜索。

2. CSS 选择器的类型

选择器（Selector）是 CSS 中很重要的概念，所有 HTML 语言中的标签都是通过不同的 CSS 选择器进行控制的。用户只需要通过选择器对不同的 HTML 标签进行控制，并赋予各样样式声明，即可实现各种效果。

（1）类别选择器（也称为类样式）

类样式可以应用于网页中任何对象，类的名称是自定义的。如将自定义的类样式应用于对象，那么会在相应的标签中出现"class"属性，其属性值为自定义的类名称。

（2）标签选择器（也称为标签样式）

标签样式可以将预定义的特定标签进行重新定义的格式化。如利用标签样式重新定义 < h1 > 标签，将会使由 < h1 > 定义的文本都会发生变化。

（3）高级选择器

高级选择器包括 ID 选择器和伪类选择器两种。高级选择器可以用来定义超链接样式，也可以重新定义含有指定 ID 属性的标签。

3.CSS 样式的引用

在对 CSS 有了大致的了解之后,便可以使用 CSS 对页面进行全方位的控制。当读到一个样式表时,浏览器会根据它来格式化 HTML 文档。插入样式表的方法有三种:

(1)行内样式(内联样式表)

行内样式是所有样式方法中最为直接的一种,它直接对 HTML 的标签使用 style 属性,然后将 CSS 代码直接写在其中。

例如,使用行内样式改变段落的颜色和左外边距。

< p style =″color:sienna;margin－left:20px″>

This is a paragraph

</p>

行内样式是最为简单的 CSS 使用方法,但由于需要为每一个标记设置 style 属性,后期维护成本依然很高,而且网页容易"过胖",因此要慎用这种方法,一般当样式仅需要在一个元素上应用一次时使用内联样式。

(2)内嵌式(内部样式表)

当单个文档需要特殊的样式时,就应该使用内部样式表。它是将 CSS 写在 < head > </head >之间,并且使用 < style > 和 </style >标记进行声明,格式如图 3-4 所示。

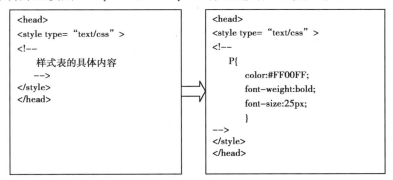

图 3-4 内嵌式

注意:利用 < style > 标签在 HTML 文档中内嵌样式表时,< style > 标签必须放在 < head > 标签内。

当所有 CSS 的代码部分被集中在了同一个区域,方便了后期的维护,但如果是一个网站,拥有很多的页面,对于不同页面上的 < p > 标签都希望采用同样的风格时,内嵌式的方法就显得略微麻烦,维护成本也不低。因此仅适用于对特殊的页面设置单独的样式风格。

(3)链接式

当一个样式需要应用于很多页面时,外部样式表将是理想的选择。它将 HTML 页面本身与 CSS 样式分离为两个或多个文件,实现了页面框架 HTML 代码与美工 CSS 代码的完全分离,使得前期制作和后期维护都十分方便,网站后台的技术人员与美工设计都也可以很好地分工合作。

由于一个 CSS 文件可以链接到多个 HTML 文件中,所以可以实现网站整体风格统一、协调。它的使用方法是使用 ＜link＞ 标签添加在 HTML 的头信息标识符 ＜head＞ 内,格式如图 3-5 所示。

```
<head>
<link rel="stylesheet" type="text/css" href="mystyle.css" />
</head>
```

图 3-5　链接式

注意:mystyle. css 是指单独保存的样式表文件,其中在代码中不能包含 ＜style＞ 标识符,并且文件只能以 css 为后缀。

（4）导入样式

导入样式表与链接样式表的功能基本相同,只是语法和运作方式上略有区别。它采用 import 方式导入样式表,在 HTML 文件初始化时,会被导入到 HTML 文件内,作为文件的一部分,类似到内嵌式的效果,而链接样式表则是在 HTML 的标签需要格式时才以链接的方式引入,在 HTML 文件中导入样式表,同样是添加在 HTML 的头信息标识符 ＜head＞ 内,格式如图 3-6 所示。

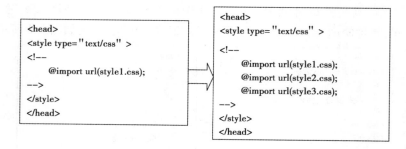

图 3-6　导入样式

注意:①导入样式表的最大用处在于可以让一个 HTML 文件导入很多的样式表。

②上面讲了 CSS 控制页面的 4 种不同的方法,各种方法都有各自的特点。这 4 种方法如果同时运用到同一个 HTML 文件的同一个标签上时,将会出现优先级的问题。在这 4 种方法中,行内样式的优先级最高,其次是采用 ＜link＞ 标签的链接式,再次是位于 ＜style＞ 和 ＜/style＞ 之间的内嵌式,最后才是 import 的导入式。

 友情提示

　　虽然各种 CSS 样式加入页面的方式有先后的优先级,但在建设网站时,最好只使用其中的 1～2 种,这样即有利于后期的维护和管理,也不会出现各种样式冲突,便于设计者理顺设计的整体思路。

4. CSS 样式的冲突

①同一规则(id 与 id 相比较、class 与 class 相比较)的样式,按书写的顺序,后面的优先级高于前面。

②同一规则(id 与 id 相比较、class 与 class 相比较)的样式,外部引入的样式,优先级高于内联样式。

③同一规则(id 与 id 相比较、class 与 class 相比较)的样式,按书 CSS 外部文件引入的顺序,后面的优先级高于前面。

在做页面布局时,为了解决 CSS 的冲突,可以根据样式引入的顺序,来解决 CSS 冲突。新添加的样式可使用"！important",以覆盖前面的样式。

任务一　添加 CSS 样式

任务概述

通过对预备知识的学习,大家已经理解了 CSS 的基本思想和基本使用方法,因此在本任务中要求大家使用 DW 软件,将项目二里的任务四中制作的网页利用所学 CSS 样式表知识,制作如图 3-1 所示的网页效果。通过本任务的学习,让学生能够掌握如下知识:

①了解 CSS 基本知识。

②熟悉和掌握网页使用行内样式和内嵌样式表的方法和技巧。

③熟悉和掌握网页链接外部样式表和导入多个外部样式表的方法和技巧。

操作流程

①启动 DW,打开项目二任务四中制作的网页 index. html,选择"窗口"→"CSS 样式"命令,打开 CSS 样式面板。

②利用类选择器,设置网页 index. html 中正文和标题文字的样式。

a. 在"CSS 样式"面板中,单击"新建 CSS 规则" ⊞按钮,即可打开如图 3-7 所示的"新建 CSS 样式"对话框。

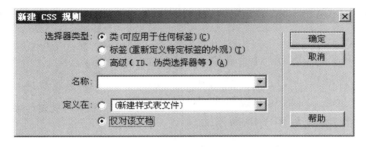

图 3-7　"新建 CSS 样式"对话框

重点知识

"新建 CSS 样式"对话框的介绍

"选择器类型"中包括：

● 类（可应用于任何标签）：类的名称是自定义的，但不能使用中文和首字符不能使用数字，类的名称前面以"."开头；它可以用于网页中的元素创建两种或两种以上的样式。

例如：当页面中同时有三个段落，并且希望三段的颜色各不相同，就可以通过设置不同的类选择器来实现。

● 标签：一个 HTML 页面由很多不同的标签组成，标签选择器就是将整个页面中相同的标签应为同一种样式，另外标签的名称不能自定义。

例如：P 标签选择器，就是用于定义页面中所有 < p > 标签的样式风格。

● 高级（ID、伪类选择器）：在这里我们使用伪类选择器来用于超链接样式的定义。其中超链接的不同状态都可以不同的方式显示，这些状态包括：未被访问状态（a：link），已被访问状态（a：visited），鼠标悬停状态（a：hover）和激活状态（a：active）。

注意：创建时要按照先后顺序设置其效果。

"定义在"选项组决定了 CSS 样式的应用位置。它包括：

● 新建样式表文件：指的是新建的样式为一个外部样式表，将生成的新样式以.css文件单独存放起来。如果是为已经存在的样式表文件添加新样式，则可以在下拉列表框中选择相应的文件名。

● 仅对该文档：指的是新建的样式只对当前文档起作用，也就是采用的内嵌式样式表。

b. 选择"类"选择器，在"名称"框中输入样式的名称为".ft"（自定义），并将"定义在"中选择"新建样式表文件"。在弹出的"保存样式表文件为"中输入样式表文件的名称"style.css"，如图 3-8 所示。设置完成后，单击"保存"。

c. 在弹出的".ft 的 CSS 规则定义（在 style.css 中）"对话框中设置正文文字的样式，如图 3-9 所示。

在左侧的"分类"的"类型"对话框中设置字体为宋体，大小为 12 px，行高 130%；在左侧的"分类"的"区块"对话框中设置字体的文字缩进，大小为 2 em，如图 3-10 所示。

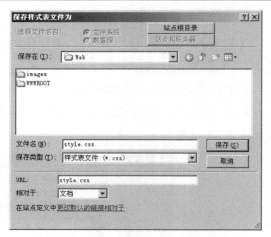

图 3-8 "保存样式表文件为"对话框

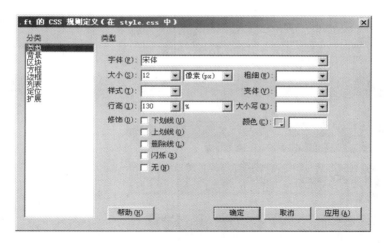

图 3-9 "CSS 规则定义"对话框

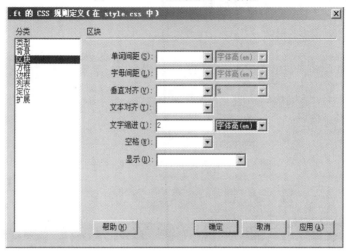

图 3-10 "CSS 规则定义"对话框

d. 设置完成后,在 CSS 样式面板中就会出现定义好的样式名称,如图 3-11 所示。

e. 在"设计"窗口中,选中要定义的正文文字,在"属性"面板→"样式"中选择自定义的名称". ft"样式,如图 3-12 所示。

f. 最后保存所作的修改后,按"F12"键进行预览,如图 3-13 所示。

g. 标题文字除了自定义的名称不同外,其余做法相同。

③利用标签选择器,设置网页 index. html 中其他文字的样式(除了正文和标题)。

a. 在"CSS 样式"面板中,单击"新建 CSS 规则" ![按钮,即可打开如图 3-14 所示的"新建 CSS 规则"对话框。选

图 3-11 "CSS 面板"中的样式

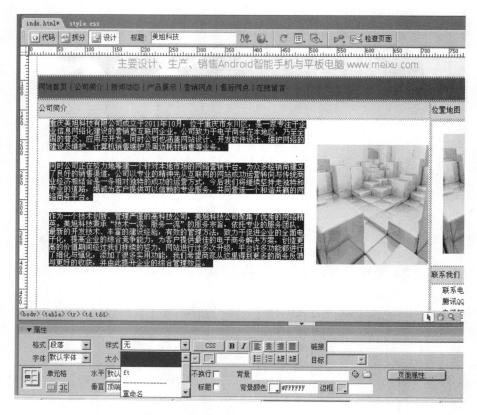

图 3-12　给选定的文字应用 CSS 样式

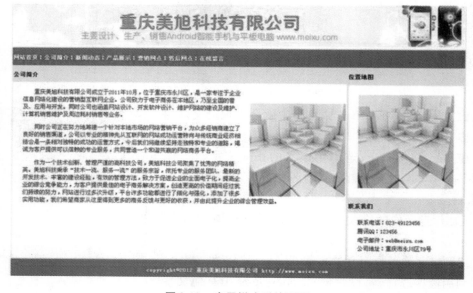

图 3-13　应用样式后的页面

择"标签"选择器,在"标签"框中选择单元格标签"td",并将"定义在"中选择为刚才定义的"style.css"。

　　b. 单击"确定"按钮,在如图 3-15 所示的对话框中定义字体、字号等信息后,单击"确定"

按钮,定义完成后的标签样式就会自动应用到页面中。

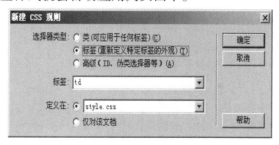

图 3-14　新建"标签"样式

图 3-15　定义"标签"样式

④利用高级选择器,设置网页 index.html 中超链接文字的样式。

a. 在"CSS 样式"面板中,单击"新建 CSS 规则" 按钮,即可打开如图 3-16 所示的"新建 CSS 样式"对话框。选择"高级"选择器,在"选择器"框中选择一个选择器类型,并将"定义在"中选择为刚才定义的"style.css"。

其中:选择器类型包括 a:link,a:visited, a:hover,a:active。

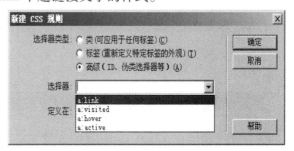

图 3-16　新建"高级"样式

b. 首先分别定义"默认的链接状态 a:link"和"访问过的链接样式 a:visited"。这两种状态的样式效果通常定义的相同,也就是在"a:link"和"a:visited"对话框中设置颜色为白色、粗体和无任何修饰(代表没有下划线),如图 3-17 所示。

c. 再定义"鼠标悬停状态的链接样式 a:hover"样式,也就是当鼠标经过链接时,字体颜色变为粉红色、粗体,并勾选"修饰"中的"下划线"复选框。

d. 同样,在定义 3 种选择器样式并单击确定后,样式将会自动应用到页面中,效果如图 3-18 所示。

图 3-17   设置链接状态的样式

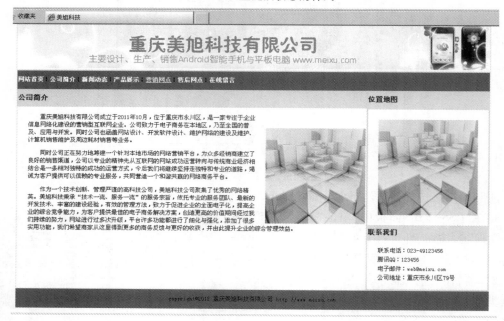

图 3-18   应用选择器样式后效果图

重点知识

CSS 样式定义之对话框分类参数介绍

创建 CSS 样式表的过程,就是对各种 CSS 属性的配置过程,所以了解和掌控属性配置很重要。在 DW 的 CSS 样式里包含了 W3C 规范定义的任何 CSS1 的属性,把这些属性分为:类型、背景、区块、方框、边框、列表、定位、扩展 8 个部分,如图 3-19 所示。

(1)"类 型"

使用"CSS 样式定义"对话框中的"类型"类别能够定义 CSS 样式的基本字体和类型配置。

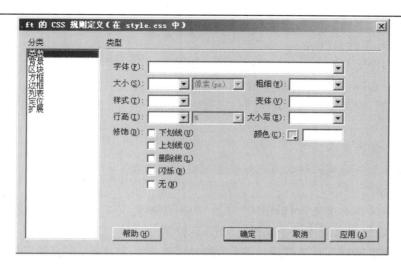

图 3-19　类型属性参数

● 字体：为样式配置字体。一般英文字体常常用"Arial，Helvetica，sans－serif"这个系列比较美观，假如不用这些字体系列，用户能够通过下拉列表最下面的"编辑字体列表"来创建新的字体系列。中文网页默认字体是宋体，一般留空即可。浏览器最好选择用户系统第一种字体显示文本。

● 大小：定义文本大小。能够通过选择数字和度量单位选择特定的大小，也能够选择相对大小。以像素为单位能够有效地防止浏览器变形文本，见表 3-1。

表 3-1　长度单位的分类

长度单位的分类及含义	绝对长度	pt：(字号)印刷的点数，根据 Windows 系统定义的字号大小来确定长度，在一般的显示器中 1 点 = 1.72 in* pc：(皮卡)1 皮卡 = 12 点 = 20.64in = 50.425 6 cm in、cn、mm：(英寸、厘米、毫米)根据显示的实际尺寸来确定长度，此类单位不随显示器的分辨率改变而改变
	相对长度	px：(像素)根据显示器的分辨率来确定长度 em：元素的字体高度，1 em 代表的高度就是大写字母 M 或 H 的高度。例如：｛font－size：2 em｝是指文字大小为原来的 2 倍 ex：当前字母"x"的高度，此高度通常为字体大小的一半 %：是以当前文本的百分比定义尺寸。例如：｛font－size：300%｝是指文字大小为原来的 3 倍

*1 in = 2.54 m

● 样式：将"正常""斜体"或"偏斜体"指定为字体样式。默认配置是"正常"。

● 行高：配置文本所在行的高度。选择"正常"自动计算字体大小的行高，或输入一个确切的值并选择一种度量单位。比较直观的写法用百分比，例如 180% 是指行高等于文字大小的 1.8 倍。相对应的 CSS 属性是"line-height"。

● 修饰：向文本中添加下画线、上画线或删除线，或使文本闪烁。正常文本的默认配置是"无"。链接的默认配置是"下划线"。将链接配置设为无时，能够通过定义一个特别的类删除链接中的下划线。这些效果能够同时存在，将效果前的复选框选定即可。相对应的 CSS 属性是"text-decoration"。

● 粗细:对字体应用特定或相对的粗体量。"正常"等于 400,"粗体"等于 700。相对应的 CSS 属性是"font-weight"。

变量:配置文本的小型大写字母变量。DW 不在"文档"窗口中显示该属性。Internet Explorer、firfox 支持变量属性,但 Netscape Navigator 不支持。

● 大小写:将选定内容中的每个单词的首字母大写或将文本配置为全部大写或小写。

● 颜色:配置文本颜色。

注意:以上任意属性如认为无须设置可以保留为空。

(2)"背景"

使用"CSS 样式定义"对话框的"背景"类别能够定义 CSS 样式的背景配置(能够对网页中的任何元素应用背景属性),如图 3-20 所示。

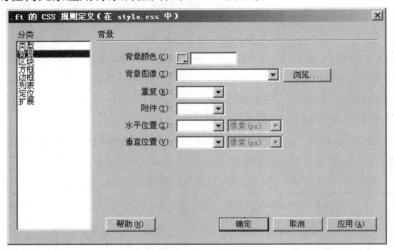

图 3-20　背景属性参数

● 背景颜色:配置元素的背景颜色。

● 背景图像:配置元素的背景图像。

● 重复:定义是否重复连同怎样重复背景图像。

"不重复"在元素开始处显示一次图像。

"重复"在元素的后面水平和垂直平铺图像。

"横向重复"和"纵向重复"分别显示图像水平带区和垂直带区。图像被剪辑以适合元素的边界。

● 附件:确定背景图像是固定在他的原始位置还是随内容一起滚动。注意,某些浏览器可能将"固定"选项视为"滚动"。Internet Explorer、Firfox 支持该选项,但 Netscape Navigator 不支持。

● 水平位置:和垂直位置指定背景图像相对于元素的初始位置。这能够用于将背景图像和页面中央垂直和水平对齐。假如附件属性为"固定",则位置相对于"文档"窗口而不是元素。Internet Explorer、Firfox 支持该属性,但 Netscape Navigator 不支持。

注意:以上任意属性如认为无须设置可以保留为空。

（3）"区块"

使用"CSS样式定义"对话框的"区块"类别能够定义标签和属性的间距和对齐配置，如图3-21所示。

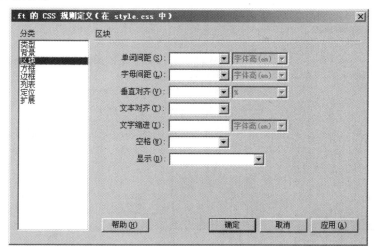

图3-21 区块属性参数

● 单词间距：配置单词的间距。若要配置特定的值，请在弹出式菜单中选择"值"，然后输入一个数值。在第二个弹出式菜单中，选择度量单位。

注意：能够指定负值，但显示取决于浏览器。DW不在"文档"窗口中显示该属性。

● 字母间距：增加或减小字母或字符的间距。若要减少字符间距，请指定一个负值（例如 -4）。字母间距配置覆盖对齐的文本配置。

● 垂直对齐：指定应用他的元素的垂直对齐方式。仅当应用于 <img> 标签时，DreamWeaver才在"文档"窗口中显示该属性。

● 文本对齐：配置元素中的文本对齐方式。

● 文本缩进：指定第一行文本缩进的程度。能够使用负值创建凸出，但显示取决于浏览器。仅当标签应用于块级元素时，Dreamweaver才在"文档"窗口中显示该属性。

● 空格：确定怎样处理元素中的空白。从下面三个选项中选择："正常"收缩空白；"保留"的处理方式即保留任何空白，包括空格、制表符和回车；"不换行"指定仅当碰到br标签时文本才换行。DreamWeaver不在"文档"窗口中显示该属性。

● 显示：指定是否显示以及怎样显示元素。"无"表示关闭它被指定给的元素的显示。

注意：以上任意属性如认为无须设置可以保留为空。

（4）"方框"

使用"CSS样式定义"对话框的方框（又称盒子）类别能够为控制元素在页面上的放置方式的标签和属性定义配置。它能够在应用填充和边距配置时将配置应用于元素的各个边，也能够使用"全部相同"配置将相同的配置应用于元素的任何边，如图3-22所示。

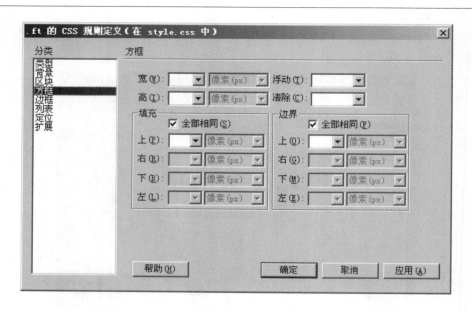

图 3-22　方框属性参数

● 宽和高:配置元素的宽度和高度;宽和高定义的对象多为图片、表格、层等。

● 浮动:配置元素浮动方式(如文本、层、表格等)。其他元素按通常的方式环绕在浮动元素的周围。

● 清除:不允许元素的浮动。

左对齐:表示不允许左边有浮动对象。

右对齐:表示不允许右边有浮动对象。

两者:表示允许两边都能够有浮动对象。

无:不允许有浮动对象。两种浏览器都支持"清除"属性。

● 填充:指定元素内容和元素边框(假如没有边框,则为边距)之间的间距。

取消选择"全部相同"选项可配置元素各个边的填充。

全部相同:将相同的填充属性配置为应用于元素的"上""右""下"和"左"侧。

● 边界:指定一个元素的边框(假如没有边框,则为填充)和另一个元素之间的间距。仅当应用于块级元素(段落、标题、列表等)时,DW 才在"文档"窗口中显示该属性。

取消选择"全部相同"可配置元素各个边的边距。

全部相同:将相同的边距属性配置为应用于元素的"上""右""下"和"左"侧。

注意:以上任意属性如认为无须设置可以保留为空。

(5)"边框"

使用"CSS 样式定义"对话框的"边框"类别能够定义元素周围的边框配置(如宽度、颜色和样式),如图 3-23 所示。

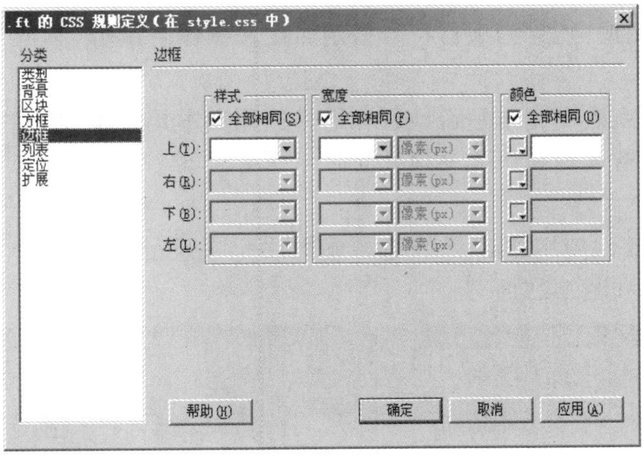

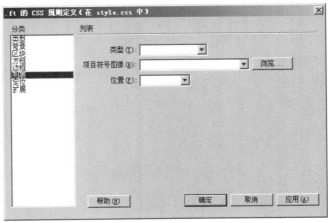

图 3-23　边框属性参数

● 样式：配置边框的样式外观。样式的显示方式取决于浏览器。DW 在"文档"窗口中将任何样式呈现为实线。

取消选择"全部相同"可配置元素各个边的边框样式。

全部相同：将相同的边框样式属性配置应用于元素的"上""右""下"和"左"侧。

● 宽度：配置元素边框的粗细。

取消选择"全部相同"可配置元素各个边的边框宽度。

全部相同：将相同的边框宽度配置应用于元素的"上""右""下"和"左"侧。

● 颜色：配置边框的颜色。能够分别配置每个边的颜色，但显示取决于浏览器。

取消选择"全部相同"可配置元素各个边的边框颜色。

全部相同：将相同的边框颜色配置应用于元素的"上""右""下"和"左"侧。

注意：以上任意属性如认为无须设置可以保留为空。

（6）"列表"

"CSS 样式定义"对话框的"列表"类别为列表标签定义列表配置（如项目符号大小和类型），如图 3-24 所示。

图 3-24　方框属性参数

● 类型:配置项目符号或编号的外观。

● 项目符号图像:能够为项目符号指定自定义图像。单击"浏览"选择图像或键入图像的路径。

● 位置:配置列表项文本是否换行和缩进连同文本是否换行到左边距。

注意:以上任意属性如认为无须设置可以保留为空。

(7)"定位"

"定位"样式属性使用"层"最好选择参数中定义层的默认标签,将标签或所选文本块更改为新层,如图 3-25 所示。

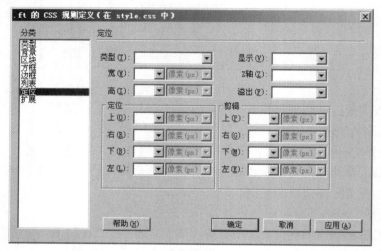

图 3-25　定位属性参数

● 类型:确定浏览器应怎样来定位层。

绝对:使用"定位"框中输入的坐标(相对于页面左上角)来放置层。

相对:使用"定位"框中输入的坐标(相对于对象在文档的文本中的位置)来放置层。该选项不显示在"文档"窗口中。

静态:将层放在文本中的位置。

● 显示:确定层的初始显示条件。假如不指定可见性属性,则默认情况下大多数浏览器都继承父级的值。选择以下可见性选项之一:

继承:继承层父级的可见性属性。假如层没有父级,则将是可见的。

可见:显示该层的内容,而不管父级的值是什么。

隐藏:隐藏这些层的内容,而不管父级的值是什么。

● Z 轴:确定层的堆叠顺序。编号较高的层显示在编号较低的层的上面。值能够为正,也能够为负。

注意:使用"层"面板更改层的堆叠顺序更容易。

● 溢出(仅限于 CSS 层):确定在层的内容超出大小时将发生的情况。这些属性控制怎样处理此扩展,如下所示:

可见:增加层的大小,使它的任何内容均可见。层向右下方扩展。

隐藏:保持层的大小并剪辑任何超出的内容。不提供任何滚动条。

滚动:在层中添加滚动条,不论内容是否超出层的大小。专门提供滚动条可避免滚动条在动态环境中出现和消失所引起的混乱。该选项不显示在"文档"窗口中,并且仅适用于支持滚动条的浏览器。

自动:使滚动条仅在层的内容超出它的边界时才出现。该选项不显示在"文档"窗口中。

● 定位:指定层的位置和大小。浏览器怎样解释位置取决于"类型"配置。假如层的内容超出指定的大小,则大小值被覆盖。

位置和大小的默认单位是像素。对于 CSS 层,还能够指定下列单位:pc(皮卡)、pt(点)、in(英寸)、mm(毫米)、cm(厘米)、em(字体高)、ex(字母 x 的高)或 %(父级值的百分比)。缩写必须紧跟在值之后,中间不留空格:例如,3 mm。

● 剪辑:定义层的可见部分。假如指定了剪辑区域,能够通过脚本语言(如 javascript)访问它,并操作属性以创建像擦除这样的特别效果。通过使用"改变属性"行为能够配置这些擦除效果。

注意:以上任意属性如认为无须设置可以保留为空。

(8)"扩展"

"扩展"样式属性包括过滤器、分页和光标选项,它们中的大部分效果仅受 Internet Explorer 4.0 和更高版本的支持,如图 3-26 所示。

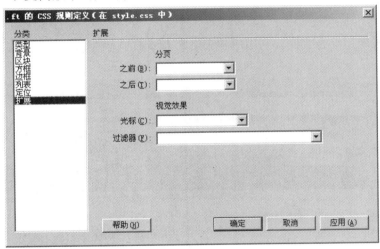

图 3-26　扩展属性参数

● 分页:在打印期间在样式所控制的对象之前或之后强行分页。选择要在弹出式菜单中配置的选项。此选项不受任何 4.0 版本浏览器的支持,但可能受未来的浏览器的支持。

● 视觉效果:常见鼠标指针状态见表 3-2。

光标:位于"视觉效果"下的"光标"选项,是光标显示属性配置。当指针位于样式所控制的对象上时改变指针图像,选择弹出式菜单进行配置。

表 3-2　常见鼠标指针状态

属 性	说 明	属 性	说 明
hand	手形	crosshair	精确定位"＋"字
wait	等待	text	文本"I"形
help	帮助	default	默认光标
e-resize	箭头朝右方	ne-resize	箭头朝右上方
n-resize	箭头朝上方	nw-resize	箭头朝左上方
w-resize	箭头朝左方	sw-resize	箭头朝左下方
s-resize	箭头朝下方	se-resize	箭头朝右下方
auto	自动,按照默认状态改变		

　　过滤器:又称 CSS 滤镜,对样式所控制的对象应用特别效果。正是有了滤镜属性,页面才变得更加漂亮。从"过滤器"弹出式菜单中选择一种效果并视具体需要加以配置。各种 CSS 滤镜属性的详细介绍请从导航条选择"滤镜属性"按钮浏览。

　　注意:以上任意属性如认为无须设置可以保留为空。

练　习

　　CSS 样式表应用综合实例。利用所学表格和 CSS 样式表相关知识,完成下图 3-27 所示效果。

图 3-27　应用链接 CSS 样式的网页预览效果

任务二　插入 Flash 效果

任务概述

在网页中除使用文字和图像来表达信息外,还可以插入 Flash 动画等多媒体元素,从而达到丰富网页的效果,使网页更加生动的目的。在任务二中要求大家将任务一中完成的网页 index. html 打开,在网页中插入用于增加页面动感的 Flash 动画,并在网页中添加背景音乐,如图 3-28 所示。通过本任务的学习,让学生能够掌握如下知识:

①了解 Flash 文件的类型。

②掌握 Flash 文件的插入与使用方法。

③掌握在网页中添加背景音乐的方法与技巧。

图 3-28　插入多媒体对象的网页预览效果

操作流程

①在本地站点中新创建的一个子文件夹,命名为"flash",用来存放 Flash 动画。将收集的 Flash 动画复制到"flash"文件夹中(Flash 动画素材包可在教材配套资源包中找到)。

②打开任务一中完成的网页 index. html,将光标置于表格 1 中,选择"插入"→"媒体"→"flash"命令,或者在"常用"工具栏中,单击"媒体"按钮右侧的下三角按钮 ,在弹出的下拉菜单中选择"flash"。

③在弹出的"选择文件"对话框中,选择要插入的 Flash 动画文件"lihua. swf",如图 3-29 所示,最后单击"确定"按钮。

④单击"确定"按钮后,会弹出如图 3-30 所示的"对象标签辅助功能属性"对话框。在该对话框中输入标题等辅助功能信息,然后单击"确定"按钮,也可以不输入任何信息直接单击"确定"按钮。

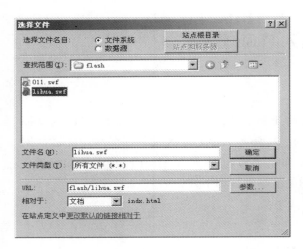

图 3-29 "选择文件"对话框   图 3-30 "对象标签辅助功能属性"对话框

⑤在"设计视图"中插入 Flash 动画后并不会显示出其内容,而是会出现一个带有字母 F 的灰色框,如图 3-31 所示。

图 3-31 页面视图中插入
Flash 动画后的外观

⑥Flash 动画的属性设置。保存预览,在 IE 浏览器中发现,Flash 动画下层的背景图片无法看到,所以需要对 Flash 动画的属性进行设置。

a. 选中在表格中添加的 Flash 动画,单击"属性"面板上的"参数"按钮,如图 3-32 所示。

图 3-32 Flash 文件的属性面板

b. 在弹出的"参数"对话框中,在"参数"中输入"wmode",在"值"中输入"transparent",如图 3-33 所示。

图 3-33 "参数"对话框

c. 对 Flash 的其他属性说明:

● 循环:勾选"循环"复选框时,Flash 动画将连续播放;如没有勾选该复选框,则 Flash 动画只播放一次,默认是勾选状态。

● 自动播放:勾选"自动播放"复选框,使 Flash 动画在网页加载时就开始播放。

- 垂直/水平边距:Flash 文件垂直/水平方向距离边框的距离。
- 品质:在下拉列表框中选择 Flash 文件的画质,默认选择为"高品质"。
- 比例:在下拉列表框中选择 Flash 文件的影片显示比例,默认选择为"默认(全部显示)"。
- 对齐:用来设置 Flash 文件的对齐方式,共有 10 个选项。
- 背景颜色:用来设置 Flash 文件的背景颜色,当 Flash 文件未被显示时,在该处将显示所设背景色。
- 播放按钮:可以在"设计"视图中预览 Flash 文件的效果。
- 重设大小按钮:可以恢复 Flash 文件被修改过的尺寸。
- 编辑按钮:对选中的 Flash 文件进行编辑。
- 参数按钮:可以使用 Internet Explorer 中的透明 Flash 内容、绝对定位和分层显示,此属性仅在带有 Flash Player ActiveX 控件的 Windows 中有效。

练 习

添加 Flash 动画与背景音乐实例。利用所学的相关知识,打开任务一中练习完成的 CSS 样式表应用综合实例,在页面中添加 Flash 动画,完成图 3-34 所示效果。

图 3-34　添加 Flash 动画与背景音乐效果

知识拓展

插入 Flash 动画还可以直接使用多媒体标签 < embed > </embed >

①选中表格 1，单击"代码"视图，在单元格中添加 < embed src = "url" width = "宽度" height = "高度" autostart = "true|false" loop = "true" > </embed >。

② < embed > 标签属性。

• url：用于设置媒体文件的路径及文件名，系统根据文件扩展名自动识别媒体类型，并选择相应的播放器进行播放，可以播放的媒体主要有 . avi、. wav、. midi、. mp3 等。

• width 和 height：用于设置嵌入对象的宽度和高度，可以省略，省略后系统会根据媒体文件自身的大小进行播放。

• autostart：用于设置媒体是否自动播放。若设置为 true 或省略该项，否则启动网页后播放器会自动播放媒体文件；若设置为 false，则不自动播放，只有在网页中单击播放器的播放按钮后才开始播放。

• loop 用于设置是否循环播放。若设置为 true，则循环播放；若省略该项，则默认只播放一次。

任务三　使用行为制作首页特效

任务概述

在网页中添加一些恰当的特效，使页面具有一定的动态效果和交互性，从而提高页面的观赏性。本任务要求通过使用行为，给首页 index. html 添加特效，使得打开网页后将弹出一个"欢迎来到美旭科技！"的对话框，并在状态栏上显示"欢迎光临美旭科技，请把该网址告诉您的朋友们！"，如图 3-35 所示。通过本任务的学习，让学生能够掌握如下知识：

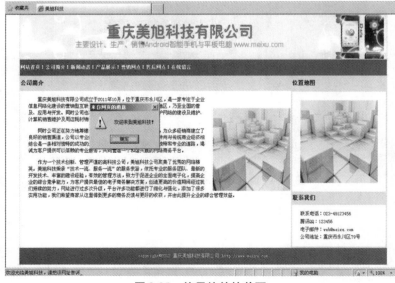

图 3-35　使用特效的首页

①了解行为的概念。
②掌握行为的应用及事件的设置。

操作流程

①启动 DW,连接本地站点。打开首页 index. html。
②选择"窗口"→"行为"命令(快捷键"Shift + F4"),打
开"行为"面板,如图 3-36 所示。

图 3-36　"行为"面板

重点知识

(1)关于"行为"

行为丰富了网页的交互能力,它允许浏览者通过与网页的互动来改变网页的动态
效果,或者允许网页执行某种动作。因此,"行为"(Behaviors)是 DreamWeaver 中一个
很重要的概念。它集成在 DreamWeaver 中,可用来实现网页的动态效果和交互的
JavaScript 脚本语言。"行为"使得我们不必去学习复杂的 JavaScript 程序也能方便迅
速地添加多种动态并具有交互功能的效果,从而增强网页的动感和吸引力。当然,精
通脚本语言的用户,也可以自己定义或编写行为。

(2)行为构成

一个完整的"行为"由"动作"和"事件"两个部分组成。所谓"动作"是 Dream-
Weaver 预先编写好的一段 JavaScript 脚本程序,例如打开一个新窗口、显示或隐藏层、
播放一段音乐等。

"事件"是浏览者对网页进行某种操作,如鼠标单击、移动到某个图片上、按下键盘
等。例如,当访问者将鼠标移动到某个链接上时,浏览器为该链接生成一个 on-
MouseOver 事件。在 Internet Explorer 中所支持的较为常见的事件类型,见表 3-3。

表 3-3　常见的事件类型

事　件	事件形成
onClick	当访问者在指定的元素上单击时产生
onDblClick	当访问者在指定的元素上双击时产生
onFocus	当指定页面元素获得焦点时产生
onKeyDown	当按下键盘上任意键的同时产生
onKeyPress	当按下和松开键盘上任意键时产生
onLoad	当图像或网页载入完成时产生
onUnload	当访问者离开网页时产生
onMouseOut	当鼠标从指定元素上移开时产生
onMouseOver	当鼠标第一次移动到指定元素时产生
onMouseUp	当鼠标弹起时产生
onMouseDown	当访问者按下鼠标时产生
onMouseMove	当访问者将鼠标在指定元素上移动时产生

(3)"行为"面板介绍

打开"行为"面板

选择"窗口"→"行为"命令,将打开行为面板。

执行快捷键"Shift + F4",将打开行为面板。

"行为"面板中按钮的介绍,如图 3-37 所示。

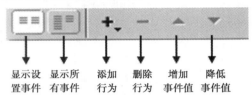

图 3-37　行为面板中的按钮

- 显示设置事件:显示出用户为某对象所设置的事件。
- 显示所有事件:显示所有可以设置的事件。
- 添加行为:在行为面板中添加一个新的行为。
- 删除事件:删除当前选中的事件及动作。
- 增加事件值:向上移动事件及动作。
- 降低事件值:向下移动事件及动作。

③单击标签检查器上的 < body > 标签,选中整个网页,单击添加行为按钮"＋▾",在弹出的下拉菜单中选择"弹出信息"命令选项,如图 3-38 所示。

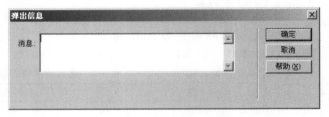

图 3-39 "弹出信息"对话框

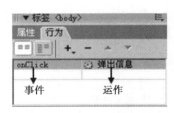

图 3-40 "动作"和"事件"

图 3-38　添加"弹出信息"

④在弹出的"弹出信息"对话框中输入文字"欢迎来到美旭科技！"，单击"确定"按钮后，在"行为"面板中，将出现一个"动作"和与动作相对应的"事件"，如图3-39和图3-40所示。

⑤因"onClick"事件是当鼠标单击时产生的事件，与需要的在网页载入时触发事件的目的不符，所以需将"onClick"事件修改为"onLoad"事件。即在"行为"面板的"onClick"事件处单击鼠标左键，在弹出的下拉菜单中选择"onLoad"事件，如图3-41所示。

图3-41　修改事件

重点知识

> **"添加行为"选项介绍**
>
> "添加行为"按钮中的"动作"介绍，如图3-42所示。
>
> （1）交换图像
>
> "交换图像"动作可以实现图像感应鼠标的效果。当鼠标移动到图片上时，变成另一张图；当鼠标移出时，又恢复为原来的图片。
>
> 注意：使用此动作前应先为图像命名。先选中图像或其他网页元素，再设置此动作，否则动作会作用到标记上，这样当你一打开页面，图像就已经被交换了；如果需要移到一个图片上就发生多个图片的交换，只需在页面图像列表中再选择一个，然后指定原始文件。
>
> （2）恢复交换图像
>
> 此动作用来恢复设置了交换图像效果，但又因为某种原因未能实现交换效果的"交换图像"。不需作任何设置，选择此动作即可完成。
>
>
>
> 图3-42　"添加行为"中的动作
>
> （3）弹出信息
>
> 此动作经常用于在特定的条件下提示浏览者某些信息，如告诉注册者输入的密码太短等。它调用的是JavaScript的alert( )方法，该动作也只有一个设置选项，在打开对话框中的"消息"栏中输入需要出现的信息即可。
>
> （4）调用JavaScript
>
> 此动作用于调用某一个JavaScript方法或函数，在打开的对话框中的"JavaScript"框中直接键入相应的文件即可。

（6）控制 Shockwave 或 Flash

本动作用于控制 Shockwave 或 Flash 的播放。

注意：应用此动作前必须给 Flash 或 Shockwave 命名，不然 DreamWeaver 会弹出警告框提示，无法继续。

（7）播放声音

此动作的作用是为网页加入一段背景音乐。设置方法：选择此动作后将打开"播放声音"对话框，单击"浏览"按钮选择好需要播放的音乐文件即可。此动作的默认执行事件是 onLoad，即打开网页就开始播放音乐，一般不必改动该事件。

注意：网页只支持 MID 和 WAV 两种格式的音乐文件。

（8）改变属性

改变属性动作让我们可以轻易地控制网页中某个对象（标记）的属性，实现动态效果。它利用 JavaScript 找到指定的对象，然后改写该对象的属性值。此动作设置选项如下：在属性面板中给对象取好名字，打开改变属性对话框，在其中选择对象类型，再选择对象属性，最后在对话框中输入新的值。

注意：使用此动作前一定要先给需要改变属性的对象命名，否则在动作设置窗口中将无法找到此对象，容易造成 JavaScript 出错。

（9）时间轴

"时间轴"动作用来控制时间轴动画的播放。

播放时间轴：用来设置使时间轴动画开始播放。它只有一个参数，只需要在下拉列表中选择需要播放的时间轴动画即可。

停止时间轴：用来使时间轴动画停止播放。它也只有一个参数，只要在下拉列表中选择需要停止的时间轴动画即可。不过也可以选择第一项"所有时间轴"来停止页面中所有的时间轴动画。

转到时间轴：用来设置跳转到时间轴动画的某一帧。它也有三个参数："时间轴"下拉列表用来选择作用的时间轴动画；"前往帧"框可以确定要跳转到哪一帧；"循环"框用于确定跳转要循环多少次。

（10）显示-隐藏层

"显示-隐藏层"是最常用的动作之一，它使我们可以动态控制层的出现与否。网上很多的动态提示、导航菜单都是用这个动作实现的。它的原理是利用 JavaScript 控制层的 CSS 属性中"visibility"的状态是"visible"或"hidden"，从而决定层是显示还是隐藏。

（11）显示弹出式菜单

此动作专门用来制作一个响应事件的弹出式菜单，前面的"显示-隐藏层"也可以实现类似的效果，但这个功能来得更方便、细致一些。只要分别对"内容"选项卡、"外观"选项卡、"高级"选项卡、"位置"选项卡进行设置即可。

注意：应用此动作之前必须先保存文件，否则 DreamWeaver 将提示无法继续。

（12）检查插件

"检查插件"动作通常应用于制作引导页。比如一个网站有 Flash 和 HTML 两种版本,利用此插件可以检测浏览器是否安装了 Flash 插件。如果有,则引导浏览者进入 Flash 版的网站;如果没有,则进入 HTML 版的普通网站。这样就避免了没有安装插件的浏览者不会看到无法显示的网页。

（13）检查浏览器

与"检查插件"动作类似,"检查浏览器"也是检测客户端来实现网页的引导。不同的是,此动作是检测用户的浏览器信息,然后根据浏览器类型和版本的不同将用户引导到不同的网页。这两个动作的目的都是尽量提高网站的兼容性,确保不同用户在不同环境下都能达到最佳的浏览效果。

本动作设置窗口的基本思路是判断用户的浏览器是 Netscape、IE 或是其他浏览器,此浏览器是哪一个版本,不同版本下网页要发生什么变化,是转到哪一个地址还是停留不动。这几个问题在这个设置窗口中都能得到解决。

（14）检查表单

此动作能够检测用户填写的表单内容是否符合预先设定的规范。这样可以在表单被提交之前找出填写错误的地方,提示用户重新输入,避免了表单提交后再交给服务器端去检测输入的正确性,而在客户端就完成检测,减轻了服务器的负担和对网络的占用。

提示:与改变属性动作一样,本动作也建议在使用前先为要检查的表单元素命名,以便在"命名的栏位"中方便准确地找到此元素。另外,此动作一般使用的事件为 onSubmit,在表单提交时检查。方法是先选择整个表单,然后设置此动作,这样动作就会自动附加到标记,并默认事件为 onSubmit。

（15）设置导航条图像

导航条是网站的重要组成部分。为了突出导航效果,一个完整的导航条图像需要 4 张图片,以表现导航条对鼠标的感应。这 4 种状态是:默认时、鼠标经过时、鼠标按下时、鼠标经过已被按下的图像时。一般情况下,只需要使用前 3 种状态的图像。

作为导航条最基本的要求,当然还需要按下时能使网页跳转到另一页、提示文字等功能,这些通过"设置导航条图像"动作都可以轻松实现。

此动作的设置分为两个选项卡:

基本"选项卡用来设置当前选中的导航图像的各种选项。

"高级"选项卡用来设置当前选中的导航图像在正常显示和按下两种状态下其他导航图像的变化。

（16）设置文本

"设置文本"动作其分为 4 个子动作:

● 设置层文本:用来设置层中出现文字。它只有两个参数:一个是"层",在其下拉列表中列出了网页中所有的层;另一个参数是"新建 HTML",输入要出现在层中的文字或 HTML 代码即可。

●设置框架文本:用来设置框架页中出现文字。

●设置文本域文字:用来设置文本域中出现的文字。它只有两个参数:一个是"文本域",在其下拉列表中列出网页中所有的文本域;另一个参数是"新建 HTML",输入要出现在文本域中的文字即可。

●设置状态条文本:用来设置状态栏中出现文字。它只有一个参数:"消息",在后面的输入框中输入需要的文字即可,注意这里不能使用 HTML 代码。

（17）跳转菜单

此动作的功能与"插入"面板中的"跳转菜单"的功能完全一样,设置方法也相同。

（18）跳转菜单开始

此动作用来设置或改变一个带跳转按钮的下拉菜单的索引。当页面中有多个下拉菜单时,它可以决定跳转按钮根据哪一个下拉菜单来选择要跳转到的页面。参数只有"选择跳转菜单",用以从页面中所有跳转菜单中选择需要的即可。

（19）转到 URL

此动作可使页面转到另外一个地址。该动作只有两个选项,第一个是在列表中选择打开窗口,一般情况下只有"主窗口",当页面为框架结构时,列表中会出现多个窗口名;第二个是 URL,输入要转到的 URL 地址。

（20）隐藏弹出式菜单

此动作与"显示弹出式菜单"对应使用,从列表中选择需要隐藏的弹出式菜单即可。

（21）预先载入图像

此动作用来让网页预先载入某些图片,当页面需要显示这些图片时,用户不用等待图片下载。这样使页面的动态效果更加流畅。

 知识拓展

JavaScript 基础知识

（1）JavaScript 基本介绍

JavaScript(简称 JS)是一种基于客户端浏览器、基于对象(Object-Based)、采用事件驱动(Event-Driven)、解释型的网页脚本语言。JS 不是一种严格意义上地解释型编程语言。目前把所有的程序语言划分为 5 个不同的"层次",分别为:机器语言、汇编语言、编译语言、解释性语言和脚本语言。JS 属于其中的脚本语言。

JS 是在 1996 年由著名的 NetScape 公司与 Sun 公司两大拳头产品联姻的产物。

（2）脚本代码所在的位置

①放置在 < script > < /script > 标签对之间。

< script >

Alert（"欢迎光临 JS 世界！"）

< /script >

②放置在一个单独的文件中（ ∗∗ js 中），调用这个单独的文件时。

< html >

< script scr = "∗∗ js" language = "javascript" >

< /html >

③将脚本程序代码作为属性值。

< a href = "javascript：alert（new Date（ ））；" > javascript < /a >

（3）JavaScript 的基本语法

• JavaScript 中的标识符

标识符是指 JavaScript 中定义的符号，例如，变量名，函数名，数组名等。标识符可以由任意顺序的大小写字母、数字、下划线（_）和美元符号（ $ ）组成，但标识符不能以数字开头，不能是 JavaScript 中的保留关键字。

合法的标识符举例：username、user_name、username 、$username

违法的标识符举例：int、98.3、Hello World

• JavaScript 严格区分大小写

computer 和 Computer 是两个完全不同的符号。

• JavaScript 程序代码的格式

每条功能执行语句的最后必须用分号（；）结束，每个词之间用空格、制表符、换行符或大括号、小括号这样的分隔符隔开。

• JavaScript 程序的注释

/ ∗……∗/中可以嵌套"//"注释，但不能嵌套"/ ∗……∗/"

（4）语句

JavaScript 中使用一些特殊语句来控制程序的执行流程，包括条件语句、循环语句等。

• If 条件语句

If 是用于在满足特定条件时才执行的语句。语法为：

If（ <表达式> ）{

<执行语句 1 >

}

else{

<执行语句 2 >

}

当<表达式>的值为 true 时,执行<执行语句 1>,否则执行<执行语句 2>。如果<执行语句>中只有一条语句,就可以省略封装用的大括号;如果不需要处理 else 的情况,可以省略 else 部分。

● Switch 语句

Swich 语句用于多值判断分支的情况,对于不同的值执行不同的语句,相对于 if…else 判断更加简洁。语法为:

```
swich( <表达式 >) {
case <值 1 >:
 <语句块 1 >;
break;
case <值 2 >:
 <语句块 2 >;
break;
 ⋮
default:
语句块 n;
}
```

用 break 语句可以立即跳出 switch 语句,否则会继续向下判断执行。

● for 循环语句

for 循环语句不断执行一段程序,直到相应条件被满足,并且在每次循环后处理计数器。语法为:

for 循环语句

```
for( <初始化表达式 >; <循环条件表达式 >; <计数器表达式 >) {
 <语句块 >
}
```

首先计算<初始化表达式>;判断<循环条件表达式>是否为 true,若是则执行<语句块>;每一轮循环后执行<计数器表达式>(一般使计数器递增,或者递减,当然也可以是其他需要在每次循环后执行的表达式);再判断<循环条件表达式>决定是否继续循环。例如:

```
for( var i = 1; i < 10; i + + ) {
            output = output + "i =" + i;
            }
```

● do…while 循环语句

do…while 语句先执行一次要循环的语句,然后判断条件表达式的值,若为 true 则返回 do 语句继续循环执行,否则跳出循环。每次循环后都会重新判断<条件表达式语句>的值来决定是否继续循环。语法为:

```
do {
```

< 语句块 >

}while(条件表达式语句);

● while 循环语句

while 语句与 do …while 的区别是 while 语句先判断 < 条件表达式语句 > 的值,再决定是否进入第一次循环。语法为:

while(条件表达式语句){

< 语句块 >

}

● break 和 continue 语句

虽然循环语句中都有条件表达式来决定是否继续循环,但有时需要在循环过程中立即跳出循环或立即进入下一轮循环,这里就要用到 break 和 continue 语句,语法为:

break;

continue;

例如:

break 语句:

```
st:while(true)
{
    while(true)
    {
    break st;
    }
}
```

continue 语句:

```
< script language = "javascript" >
var output = ;
for( var i = 1 ; x < 10 ; i + + )
{
if( i%2 =  =0)
continue;
output = output + "i = " + i;
}
alert( output);
</script >
```

(5) 函数

● 函数的语法

JavaScript 中函数是执行特定功能的语句块,它可以接受一组参数,并在返回时带回一个结果。函数不能太长,否则难读、难懂、难理解。语法为:

```
function  <函数名>(<参数列表>){
    <程序代码>
    return <返回值>;
}
```

其中:函数名的命名规则与变量相同。如果不需要参数,则可以省略参数。如果函数充当子程序,则无需返回值,可以省略 return 语句,函数执行结束后会自动返回。

● 调用函数

对函数进行调用的几种方式:

①<函数名>(<传递给函数的参数 1>,<传递给函数的参数 2>,……)

②变量 = <函数名>(<传递给函数的参数 1>,<传递给函数的参数 2>,……)

③对于有返回值的函数调用,也可以在程序中直接使用返回的结果,例如:

alert("sum =" + square(2,3));

例:

```
<script language="javascript">
    var msg="全局变量"
    function square(x,y)
    {
    var sum;
    sum=x*x+y*y;
    return sum;
    }
    function show()
    {
    var msg="局部变量"
    alert(msg);
    }
    var sum
    alert("sum="+sum);//此时 sum 的值为 undefined;
    sum=square(2,3);
    alert("sum="+sum);
    show();
</script>
```

可以改写为:
alert("sum="+square(2,3))

弹出一个对话框显示:
sum=undefined

弹出一个对话框显示：sum=13

弹出一个对话框显示：局部变量

● javascript 中的系统函数

①encodeURI:返回对一个 URI 字符串编码后的结果。URL 是最常用的 URI。

var ss = encodeURI("http://www.baidu.com/index.html? county = 外地");

当 alert ss 的时候,URL 中的中文就变成了编译后的字符。

②decodeURI:这个函数正好和 encodeURI 相反,它是将编译的字符还原。

③parseInt:将一个字符串按指定的进制转换成一个整数:parseInt("32",10)就是把 32 转换成对应的十进制。

④parseFloat:将一个字符串转换成对应的小数。

⑤isNaN：用于检测 parseInt 和 parseFloat 方法的返回值是否为 NaN，是就返回 true，否则返回 false。

⑥escape：返回一个字符串进行编码后的结果字符串。和 encodeURI 差不多，但是 encodeURI 是 URL 专用的。

⑦unescape：这个方法和 escape 相反。

⑧eval：将某个参数字符串作为一个 JavaScript 表达式执行。

```
for( var i = 0 ;i < n ;i + +){
    eval("var a" + i + "=" + i);
    }
```

执行结果：a0 = 0,a1 = 1…

（6）对象与对象实例

对象中所包含的变量就是对象的属性，对象中所包含的对属性进行操作的函数就是对象的方法，对象的属性和方法都叫对象的成员。

对象是对某一类事物的描述，是抽象上的概念，而对象实例是一类事物中的具体个例（如人和张三的关系）。

能够被用来创建对象实例的函数就叫对象的构造函数，只要定义了一个对象的构造函数。就等于定义了一个对象，使用 new 关键字和对象的构造函数就可以创建对象实例。语法格式如下：

var objectinstens = obj（传递该对象的实际参数列表）

例如：

```
< Script language = "javascript" >
function person( ){
var person1 = new person( );
person1. age = 10;
person1. name = "abc";
alert( person1. name = ":" = person1. age);
}
function sayfanc( ){
alert( person1. name = ":" = person1. age);
}
peron1. say = sayfanc( );
person1. say( );
</ script >
```

（7）对象的构造方法与 this 关键字

为一个对象实例新增加的属性和方法，不会增加到同一个对象所产生的其他对象实例上。

所有的实例对象在创建后都会自动调用构造函数，在构造函数中增加的属性和方法会被增加到每个对象实例上。

对象实例是用 new 关键字创建的，在构造方法中不要有返回结果的 return 语句。

调用对象的成员方法时，需要使用"对象实例. 成员方法"的形式，很显然，用作成员方法的函数被调用时，一定伴随有某个对象实例。this 关键字代表某个成员方法执行时，引用该方法的当前对象实例，所以，this 关键字一般只在用作对象成员方法的函数中出现。例如代码如下：

```
< Script language ="javascript" >
function Person( name, age) {
this. age = age;
this. name = name;
this. say = sayFunc;
}
function sayFunc( ) {
alert( this. name +":" + this. age);
}
var person1 = new Person("张三",18);
Person1. say( );
var person2 = new Person("李四",20);
Person2. say( );
</script >
```

实例：在状态栏上的文字以打印效果方式出现

```
< head >
< SCRIPT LANGUAGE ="JavaScript" >
var msg = "欢迎光临美旭科技,请把该网址告诉您的朋友们!";
var chars = msg. length + 1;
var updateStatus = " ";
var i = 0;
function statusMessage( ) {
if (i < chars) setTimeout("nextLetter( )", 300);
}
function nextLetter( ) {
updateStatus = msg. substring(0,i) + '_';
window. status = updateStatus;
i + +;
statusMessage( );
}
</script >
</head >
< body onLoad ="statusMessage( )" >
…
</body >
```

练 习

练习制作本任务"添加行为"按钮中的"动作"（图 3-38 所示中的动作），并认真领会。

任务四 制作连续背景音乐

任务概述

框架是一种比较常见的网页布局工具，它的作用是把浏览器的显示空间分割为几个部分，每个部分都可以独立显示不同的网页。本任务要求通过使用框架，给页面制作一种在浏览网页的过程中可以连续听到背景音乐的效果。通过本任务的学习，让学生能够掌握如下知识：

①了解框架的概念。

②掌握框架页面的方法与技巧。

操作流程

①启动 DW，创建框架常见的有两种方法：第一种方法是选择"文件"→"新建"命令，在"新建文档"中的"常规"选项卡里选择"框架集"→"下方固定"，然后单击"创建"按钮，如图 3-43 所示。

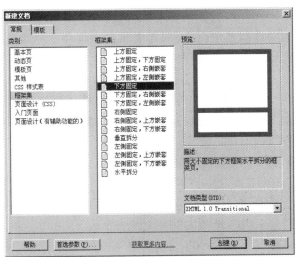

图 3-43 创建框架图

第二种方法是首先新建一个空白网页，然后在插入栏的"布局"选项中，单击"框架"按钮，选择"底部"框架，如图 3-44 所示。

②保存框架。选择"文件"→"保存全部"，保存框架集，命名为 default. html，框架的名字分别为 top. html 和 bottom. html。

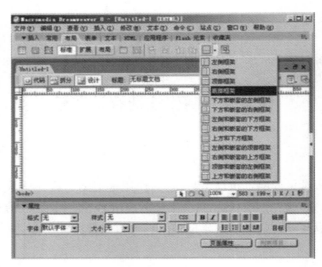

图 3-44 创建框架

重点知识

（1）HTML 框架简述

所谓框架便是网页页面分成几部分，同时取得多个 URL，也就是说把网页在一个浏览器窗口下分割成几个不同的区域，实现在一个浏览器窗口中显示多个 HTML 页面。

（2）框架的优点

重载页面时不需要重载整个页面，只需要重载页面中的一个框架页（减少了数据的传输，增加了网页下载速度）。这样方便制作导航栏。

（3）框架的缺点

会产生很多页面，不容易管理，不容易打印；浏览器的后退按钮无效；代码复杂，无法被一些搜索引擎索引到；多数小型的移动设备（PDA 手机）无法完全显示框架；多框架的页面会增加服务器的 HTTP 请求。

（4）一个框架有两部分网页文件构成

一是框架集（frameset），它是一个网页文件，它将一个窗口通过行和列的方式分割成多个框架。另一个是框架（frame），它是浏览器窗口的一部分，它可以显示与浏览器窗口的其余部分中所显示内容无关的网页文件。

（5）框架基本操作

● 创建框架

创建框架的方法前面已经讲过，在此不再赘述。

● 选取框架和框架集

因为框架集与框架都是独立的 HTML 文件，所以如要对它们进行修改，就需要选中它们。而操作方法就是"框架"面板或者是"文档"窗口中进行选择。

在"框架"面板中，选择"窗口"→"框架"命令，或者利用快捷键"Shift + F2"打开框架面板。

在"框架"面板中,框架集的边框是三维粗边框,而框架的边框是灰色细边框,在每个框架中都有一个框架名来定义的。可以通过鼠标单击不同的边框来进行选择框架集和框架。

在"文档"窗口中,可以通过按下 Alt 键和鼠标左键单击框架从而达到选择框架的目的。

在"文档"窗口中,单击某个框架边框,可以选择该框架所属的框架集。

● 增加/删除框架

当创建好框架后,如需要增加框架,可在选中框架集后,使用鼠标拖曳框架边框,这样可以实现增加水平或垂直框架。

要删除框架,只需要将它的边框拖动到页面之外,如是一个嵌套框架,将它的边框拖出其父框架即可。

● 保存框架

因为一个框架集的页面包含多个文件,因此必须将它们分别保存,从而才能够在浏览器中正常预览。

要保存每个框架的文件,可以选择"文件"→"保存全部"命令。还可以分别保存框架和框架集,即鼠标放置在选中的框架中,通过选择"文件"→"保存框架"命令,进行保存框架操作;再通过选择"文件"→"保存框架页"命令或"框架集另存为"命令,进行保存框架集操作。

③在 top. html 的主框架中,插入浮动框架,即在代码视图中添加如下代码。

< body >
< iframe width = "100%" height = "600" name = "main" src = "index. html" frameborder = "0" >
</iframe >
</body >

④在 bottom. html 的框架的代码视图中,添加用于插入背景音乐的代码,如下所示。

< body >
< embed src = "music/lyriver. mid" hidden = "true" > </embed >
</body >

重点知识

插入背景音乐的常用方法:

(1) < bgsound >

< bgsound > 是用来插入背景音乐,但只适用于 IE,非 IE 浏览器无法解析。其参数设定不多,书写格式如下:

< bgsound src = "背景音乐 URL" autostart = "自动播放" loop = "循环次数" >

其中：

● src 用于设置所插入背景音乐的路径和名称，路径可以是相对或绝对。

● loop 用于设置背景音乐播放的循环次数，当值是 –1 或者 Infinite 的时候表示无限循环；当值为正整数值时，音频或视频文件的循环次数与正整数值相同。

● autostart = true 用于设定是否在音乐下载完之后就自动播放。true 为音乐自动播放，false 为音乐不自动播放。

注意：使用 bgsound 设置背景音乐，当窗口最小化时就自动暂停播放，窗口恢复时，继续播放。

（2）< embed >

< embed > 是用来插入各种多媒体，格式可以是 midi、wav、aiff、au、mp3 等，netscape 及 新版的 IE 都支持。其参数设定较多，将代码添加到 < body > … </body > 之间。书写格式如下：

< embed src = ″背景音乐 URL″ autostart = ″自动播放″ loop = ″循环次数″ hidden = ″面板显示″>

其中：

● src 用于设置所插入背景音乐的路径和名称，路径可以是相对或绝对。

● autostart 该属性用于设定音频或视频文件是否在下载完之后就自动播放。true 为音乐文件自动播放，false 为音乐文件不自动播放。

● loop 用于设置背景音乐播放的循环次数，当值是 –1 或者 Infinite 的时候表示无限循环；当值为正整数值时，音频或视频文件的循环次数与正整数值相同。

● hidden 用于设定控制面板是否显示，默认值为 flase，表示显示面板，ture 为隐藏面板。

height、width 该属性用于设定控制面板的高度和宽度。其中 height 表示控制面板的高度，width 表示控制面板的宽度。取值为正整数或百分数，单位为像素。

⑤打开"框架"面板（单击"窗口"→"框架"），选中框架集，如图 3-45 所示。

图 3-45　框架面板

⑥在属性面板上设置底部框架的行高度为 0，将"单位"的值选定为像素，这样添加了背景音乐的框架 bottomFrame 就会隐藏起来，如图 3-46 所示。

⑦在代码视图中，将导航条上的超级链接文字的打开窗口方式依次修改为 mainFrame 框架，代码如下所示。

< td >

< a href = ″index. html″ target = ″_mainframe″ > 网站首页 </a > |

< a href = ″intro. html″ target = ″_mainframe″ > 公司简介 </a > |

⋮

< a href = "about. html" target = "_mainframe" > 在线留言 </a >

</td >

图 3-46　属性面板

⑧保存,预览效果。

练　习

创建一个如图 3-47 所示框架结构的网页。

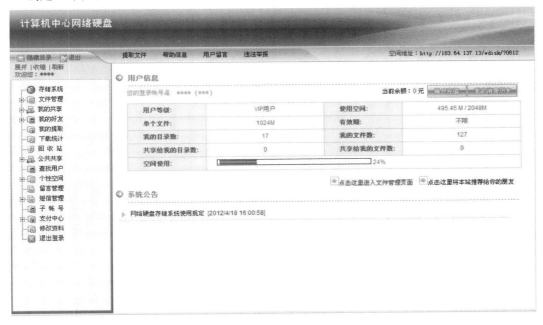

图 3-47　框架网页

 知识拓展

运用框架及 JS 脚本添加背景音乐
　　当 bgsound 出现在 iframe 框架页面内时,如果框架页面内的背景音乐正在加载或正在播放,当移除这个 iframe 框架时,该背景音乐仍然继续播放,而且窗口最小化后仍然播放,直到音乐自然播放完毕或窗口关闭时停止(不会循环播放)。
　　无论 bgsound 标签的 loop 属性设置如何,音乐只会播放一次。代码如下:
　　< iframe id = bgmusic width = 30 height = 20 > </iframe >

```
< script language = javascript >
function window. onload( ) {
var bghtml = 'sound < bgsound
src = "http://clearsky. gougou. cc/xiaonei/music. asp" loop = " - 1" > ';
bgmusic. document. body. innerHTML = bghtml;
document. all. bgmusic. removeNode( );
}
</script >
```

注意:更改 innerHTML 属性要在 onload 事件发生后才可以,即在浏览器完成对象的装载后。

项目四　企业网站素材处理

　　网页设计是一项综合性很强的工作,从美术到编程都要涉及,因此如果希望制作出精美的网页,就需要掌握一些图像设计和编辑技能。通过本项目的学习,希望同学们能掌握运用Fireworks制作导航图片、Banner图片和GIF动画的方法,能进行特殊文字效果的设计,掌握使用Fireworks批量处理数码照片的方法及能设计制作网页效果图。

【知识目标】

1. 了解Fireworks软件的使用与如何利用它处理网页素材。
2. 了解并掌握利用Fireworks对特殊文字效果的设计。
3. 了解并掌握运用Fireworks对GIF动态图片的设计制作。
4. 了解并掌握运用Fireworks制作网页效果图。

【能力目标】

1. 具备使用Fireworks制作网页素材的能力。
2. 具备使用Fireworks制作特殊文字效果的能力。
3. 具备使用Fireworks制作网站GIF动态图片的能力。
4. 具备使用Fireworks制作设计制作网页效果图的能力。

【预备知识】

一、Fireworks 概述

Adobe Fireworks 是 Adobe 推出的一款网页作图软件,该可以加速 Web 设计与开发,是一款创建与优化 Web 图像和快速构建网站与 Web 界面原型的理想工具。Fireworks 不仅具备编辑矢量图形与位图图像的灵活性,还提供了一个预先构建资源的公用库,使其制作 的图形图像能在 Adobe Photoshop、Adobe Illustrator、Adobe Dreamweaver 和 Adobe Flash 软件中进行编辑使用。在 Fireworks 中将设计迅速转变为模型,或利用来自 Illustrator、Photoshop 和 Flash 的其他资源,然后直接置入 Dreamweaver 中轻松地进行开发与部署。

随着互联网技术的飞速发展,Fireworks 作为目前最流行的一款网页图片制作软件,由于其对编辑矢量图形与位图图像有很好的灵活性,所以它被广泛应用于网站建设的素材和 Gif 动画的处理中,主要有以下几种:

制作导航图片;

制作 Banner 图片;

制作 GIF 动画;

设计特殊文字效果;

制作网页效果图。

二、初识 Fireworks 的工作界面

启动 Fireworks 程序,进入 Fireworks 的界面后,可以看到如图 4-1 所示的软件工作界面。

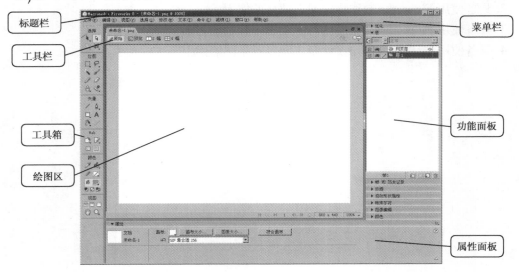

图 4-1　Fireworks 的工作界面

1. 绘图区域

绘图区域即编辑图像的区域,也被称为画布。它就是通过使用 Fireworks 的各种工具进行编辑图像的地方。

在绘图区域中上方有 ✎原始 、🖼预览 、⊞2 幅 或 ⊞4 幅 4 个按钮,可以在原始界面和预览界面之间进行切换,单击 ✎原始 按钮返回原始界面,单击 🖼预览 按钮显示预览界面,单击 ⊞2 幅 按钮显示两幅图的预览界面,单击 ⊞4 幅 显示 4 幅图的预览界面。

单击 🔄 按钮将弹出快速导出的菜单,可以将 Fireworks 中编辑的图像快速导出为 Macromedia 公司的其他产品或者是其他图像处理软件的格式。

在绘画区域的下方是所编辑图像文档的状态栏,分别用于控制 GIF 动画的播放、退出位图编辑模式、显示图像的尺寸和控制图像缩放比例。

2. 绘图工具栏

绘图工具栏中包含绘制和编辑图像的各种工具。选择"窗口"→"工具"命令或按"Ctrl + F2"快捷键可以打开或隐藏工具箱,它主要由选择、位图、矢量、网页、颜色和视图 6 个部分构成。其中各个工具的作用如下。

①选择工具:主要用于选择对象及对选择的对象进行变形操作,包括:

"指针"工具 ➤、"部分选定"工具 ➤、"缩放"工具 ▣、"倾斜"工具 ◿、"扭曲"工具 ◿、"裁剪"工具 ▣、"导出区域"工具 ▣。

②位图工具:主要用于绘制位图和对位图进行处理,包括:

"选取框"工具 ▣、"椭圆选取框"工具 ◯、"套索"工具 ◖、"多边形套索"工具 ➤、"魔术棒"工具 ➤、"刷子"工具 ✏、"铅笔"工具 ✏、"橡皮擦"工具 ◿、"模糊"工具 ◖、"锐化"工具 △、"减淡"工具 ◖、"加深"工具 ◖、"涂抹"工具 ◿、"橡皮图章"工具 ◖、"替换颜色"工具 ◿、"红眼消除"工具 ◉、"滴管"工具 ✏、"油漆桶"工具 ◖、"渐变"工具 ▣。

③矢量工具:主要用于绘制矢量图形和对矢量图形进行处理,包括:

"直线"工具 ✎、"钢笔"工具 ◖、"矢量路径"工具 ✎、矩形、椭圆和多边形工具、"文本"工具 A、"自由变形"工具 ◖。

④Web 工具:主要用于创建热点切片,包括:

"矩形热点"工具 ◖、"圆形热点"工具 ◖、"多边形热点"工具 ◖、"切片"工具 ✎、"多边形切片"工具 ✎、"隐藏切片和热点"工具 ▣、"显示切片和热点"工具 ▣。

⑤颜色工具:主要用于设置填充颜色和描边颜色,包括:

"笔触颜色" ✎□、"填充颜色" ◖■、"设置默认笔触/填充色" ▣、"没有描边或填充" ◿、"交换笔触/填充色" ▣。

⑥视图工具:主要用于转换屏幕的显示模式,包括:

"标准屏幕模式" ▣、"带有菜单的全屏模式" ▣、"全屏模式" ▣、"手形"工具 ✋、"缩放"工具 ◖。

3. "属性"面板

"属性"面板位于绘画区域的下方,用来设置绘图区域中正在编辑的内容的属性。可以选择"窗口"→"属性"命令或按"Ctrl + F3"快捷键打开或关闭"属性"面板,根据当前选择工具和对象的不同,"属性"面板中所显示的选项也会不同。

4. 控制面板

在 Fireworks 中有多个控制面板,一般位于工作界面的右侧。

在默认情况下有些面板没有显示,可以选择"窗口"菜单中相应的命令显示或者隐藏这些面板。

任务一　处理 Fireworks 素材

任务概述

若想要制作出美观的网页,就需要大家能对网站建设所用到的素材图片能够进行收集和编辑处理,通过 IE 浏览器浏览一些优美的企业、政府、商业等网站,以做参考。本任务要求大家能够通过使用 Fireworks 制作导航图片、制作 Banner 图片和对图片进行美化处理。通过本任务的学习,学生能够:

①了解 Fireworks 8 软件的使用。
②掌握制作交互式按钮的方法。
③掌握修剪图片的方法。

操作流程

(1)制作交互式按钮的关键步骤

①打开 Fireworks,新建文件,设置画布大小为 80 px × 30 px,背景色为蓝色,如图4-2 所示。

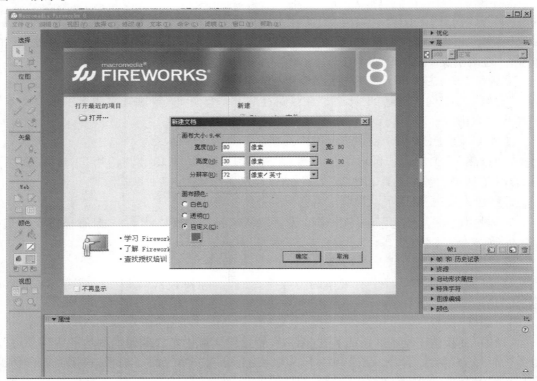

图 4-2　新建 Fireworks 画布

②单击矢量工具箱里的矩形,画出一个矩形框,设置填充色为无色,线条色为黑色,宽为

80 px,高为 30 px,X,Y 坐标均为 0,如图 4-3 所示。

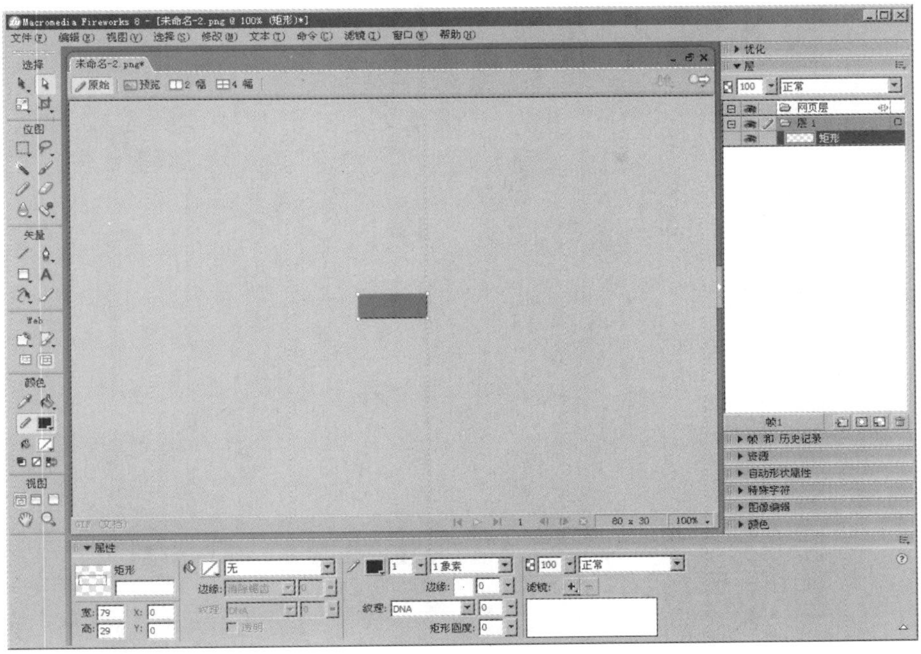

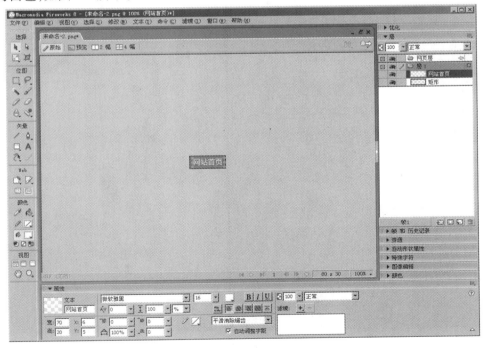

图 4-3　绘制矩形

③选择矢量工具箱里的文字工具,在矩形框内单击,然后输入导航文字,并设置文字的颜色为白色,如图 4-4 所示。

图 4-4　输入文字

④设置好后,依次单击文件/图像预览,如图4-5所示。

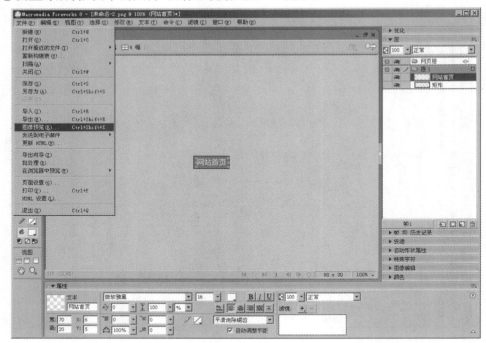

图4-5 保存—图像预览

⑤选择格式为GIF格式,再单击"导出",如图4-6所示。

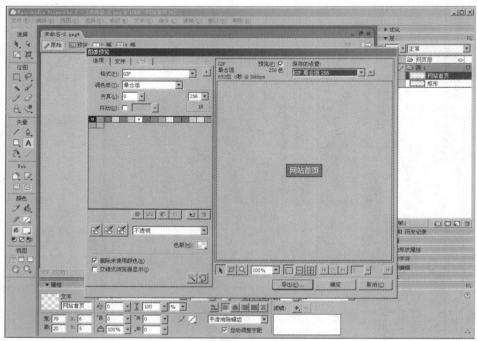

图4-6 保存—选择格式

⑥将图片保存到站点images目录下,如图4-7所示。

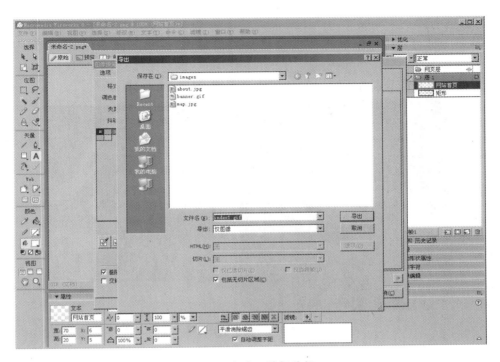

图 4-7　保存—选择路径

⑦如需制作其他按钮，只需修改文字或修改画布及文字的颜色即可，如图 4-8 所示。

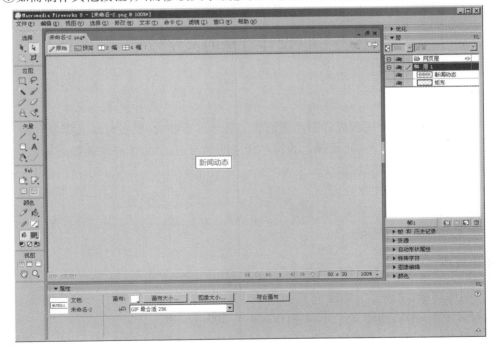

图 4-8　其他按钮

⑧通过上面的步骤，就可以制作出需要的导航。

（2）修剪图片

①从"工具"面板中选择"裁切"工具，或者选择"编辑"→"裁剪所选位图"命令。

②在画布上拖动鼠标，并调整修剪手柄，直到边框包围要保留的文档区域为止。

③在边框中双击或者按下"Enter"键以修剪文档，如图4-9所示。

图4-9　修剪图片

练　习

自己按照要求设计制作网页所需要的其他几个导航按钮，处理我们的案例图片。

任务二　设计特殊的文字效果

任务概述

在网页设计中，仅使用现成的图片进行加工是远远不够的，很多时候还需要利用一些特殊效果的文字对网页进行美化设计。通过本任务的学习，让学生能够掌握如下知识：

①掌握简单常用文字处理。

②掌握渐变效果的文字处理。

③掌握常见的凹凸效果文字的制作。

④掌握水晶文字的处理。

操作流程

（1）制作简单、常用文字处理

①打开 Fireworks，新建文件，设置画布大小为 200 px × 80 px。

②新建两个图层，一个图层单色字体（一般是中粗），第二个图层是文字打散按"Ctrl + Shift + P"组合键，描边（2 ~ 5 px），投影（距离和柔化都在 5 以内），如图4-10所示。

（2）制作渐变效果的文字处理

①首先新建文件，设置画布大小为 80 px × 30 px。

图 4-10　简单、常用文字处理

②新建两个图层,在有色的背景中输入文字,打散。然后复制一层放在后面。

③把第一层进行这三步操作:拆分组合按"Ctrl + Shift + B"组合键、联合路径(选中所有文字"修改"→"组合路径"→"联合")、然后填充渐变色(常用比较鲜艳的颜色,注意渐变的两个色最好一个深一个浅)。

④后面一层作描边用,根据其中的颜色来描。一般是描白色和黑色,3 ~ 5 px 宽的边,如图 4-11 所示。

(3)一种常见(特别是在像素画中)的凹凸效果

①首先新建文件,设置画布大小为 100 px × 50 px;在主层添加主体文字(用较粗的字体),给一个单一的色。

图 4-11　渐变文字

②主层文字上面复制两层,一层是暗层,内投影选比主文字色暗一些的颜色,边距 2 px,柔化为 0,角度 138°左右;暗层的下面有个亮层(通常亮在暗下面,当光线不足),内投影选比主文字色亮一些的颜色,边距 2 px,柔化为 0,角度为 315 °左右。

③最后面一层为主体文字描个深色的边,就完成了。

(4)文字特效的另一手段:突出显示

突出显示一些特殊的文字:比如"不错的绿色饮料哦!"中可以把"绿色"突出来显示。把"绿色"文字放大一点用绿颜色显示。

突出基本有这几种(可以合用):

①字体加粗,加大。

②文字用突出、鲜艳的颜色(渐变色也可),以及描边(其实描边通常不需要鲜艳,用白色或是淡色就不错,当然,也可以用与文字色相衬的艳色)。

③也可以相应使用文字加高、倾斜、扭曲等变化。

④可选择闪烁或动感效果。

⑤根据文字内容,加上相应的元素。如前面提到的"绿色",除了用绿色文字等效果,还可以在文字的上角(左右都可)添上一片绿叶,或是把文字用带水珠的绿色图片来填充。

⑥改用其他字体,或是改变文字笔画。与上面结合,可以直接把"绿色"中的"纟"文字打散,用"部分选定工具"改变笔画路径,变成一片叶子。或是把"色"的下勾向右拉长,在勾中放一些叶子、草、水珠之类的元素。

(5)水晶文字

水晶的文字,就主要是利用遮罩中的两种蒙版:路径轮廓和灰度外观。

另外的几种不错的水晶效果表现要点:

①高亮,做好的水晶字效果如图 4.12 所示中的"①、②、③"。

②剔透的渐变。通常配上白色描边,以及使用无柔化的白色/淡色半透明化效果更佳,如图 4-12 所示。

图 4-12　水晶字

练习

自己按照要求设计制作网页所需要的其他几个文字效果和图片，达到一些想要的特殊效果。

任务三　设计 GIF 动态图片

任务概述

动画图形可以为网站增加一种活泼生动、复杂多变的外观。在 Fireworks 8 中，用户可以创建包含活动的横幅广告、徽标和卡通形象的 GIF 动画。例如，可以在徽标淡入淡出的同时让公司的吉祥物在网页上来回跳动。通过本任务的学习，学生能够：

①掌握 Fireworks 中元件的应用。

②掌握 Fireworks 常见动画的制作方法。

操作流程

在 Fireworks 8 中制作动画的一种方法是通过创建元件并不停地改变它们的属性来产生运动的错觉。可以对元件应用不同的设置以逐渐改变连续帧的内容，也可以让一个元件在画布上来回移动、淡入或淡出、变大、变小或者旋转。下面的实例制作步骤如下。

①打开 Fireworks，准备好两张及以上同样尺寸的图片，打开第一张背景图片，如图 4-13 所示。

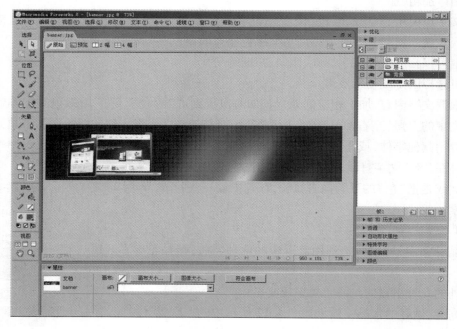

图 4-13　打开背景图

②打开"帧"面板（展开帧/历史记录工具栏），将第1帧复制25帧，设置新帧都放在当前帧之后。然后设置图片切换的时间和循环的次数，如图4-14所示。

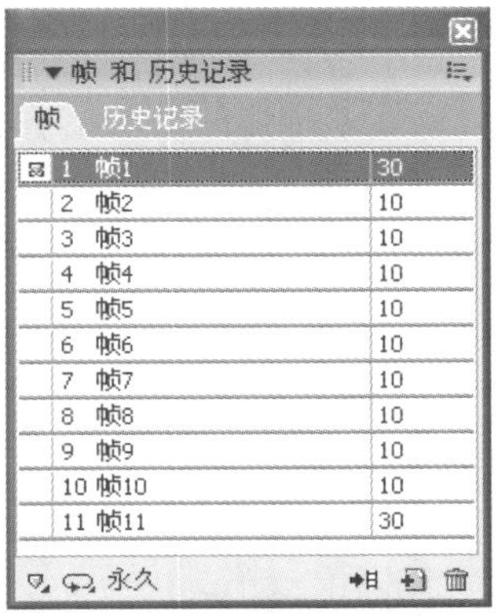

③在第1帧的场景中导入其他图片素材或用文字工具输入文字内容，选择"修改"→"元件"→"转化为元件"菜单项，把它转化为元件，元件命名为"Pic1"，类型选"动画"，如图4-15所示。

④然后在如图4-15所示的对话框中设置，单击"确定"按钮后，Fireworks 8自动添加补间实例到相应帧，如图4-16所示。如果在场景中添加更多动画，可参照以上两个步骤操作即可。

⑤单击画布下方的"播放"按钮预览动画效果，最后在图像预览里导出文件，命名为"Banner. gif"，通过上面的操作完成了一个Gif动画的制作，如图4-17、图4-18所示。

图4-14　帧面板

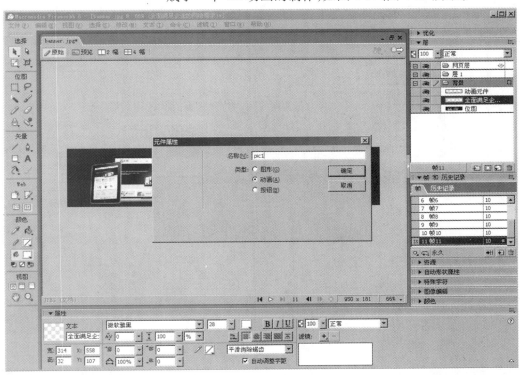

图4-15　"转换元件"对话框

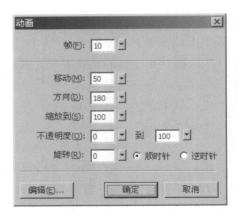

图 4-16 "动画"对话框

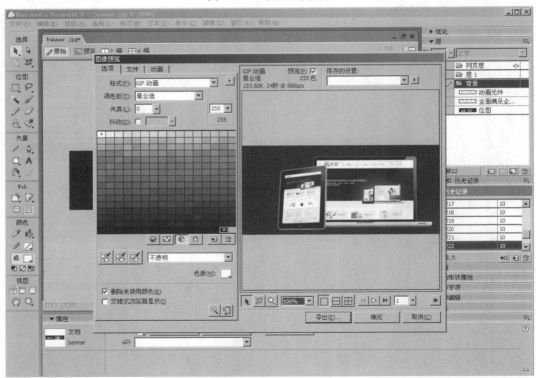

图 4-17 导出动画

图 4-18 导出动画

练 习

按照要求设计制作网页的 Banner 所需要的 GIF 动画。

要求如下:制作一个自己班级网站的 Banner 动画,其中的文字轮番交替显示。

任务四 制作网页效果图

任务概述

有些人认为平面设计就得要用 PS(photoshop),现今很多做网页的设计师也用 PS 做平面图,然后切割导图,再用做网站的方式来制作网页效果。其实,只要用心,Fireworks 一样可以做出好的网页设计,如图 4-19 所示。通过本任务的学习,学生能够掌握利用 Fireworks 制作网页效果图的方法。

图 4-19 网页效果图

操作流程

①打开 Fireworks,新建画布,宽度 950 px。

②绘制网页的顶部内容,如图 4-20 所示。将插入先准备好的网站 Logo 和 Banner 广告图片,右边的联系信息用文字工具编辑一下字体、大小和颜色。

图 4-20　网页顶部

③制作网站的导航条：

a. 选择矩形工具画出导航条的背景。

b. 用文字工具输入网站各栏目名称（各栏目之间用空格或"|"符号分隔），如图 4-21 所示。

网站首页 | 公司简介 | 新闻动态 | 成功案例 | 营销网点 | 在线留言 | 联系我们

图 4-21　导航条

④为了美观，应同时选中导航背景和文字，选择"修改"→"对齐"→"水平居中"命令对齐文字位置。

⑤接着是网页内容展示部分，在考虑好内容布局之后，用矩形工具画出各版块，各版块间的细线用矩形里的轮廓线画出，如图 4-22 所示。

图 4-22　绘制各版块

⑥把各版块的栏目名称和展示文字、图片添加上去，再利用前面讲到的对齐方法来给各版块对整齐。最后整个页面就做好了，如图 4-23 所示。

图 4-23　最终效果

重点知识

制作网页的大小

（1）高度

高度没有一个固定值,因为每个人的浏览器的工具栏不同,有的浏览器工具栏被插件占了半个屏幕,所以高度没有确切值。

（2）宽度

①在 IE 6.0 下,宽度为显示器分辨率减 21,如 1 024 的宽度或 21 就变成 1 003。但值得注意的是,IE 6.0(或更低)无论网页多高都会有右侧的滚动条框。

②在 Firefox 下,宽度的分率辨减 19,如 1 024 的宽度减 19 就变成 1 005。

③在 Opear 下,宽度的分率辨减 23,如 1 024 的宽度减 23 就变成 1 001。

注意:Firefox 或 Opear 在内容少于浏览器高度时不显示右侧滚动条。所以如果是 1 024 的分辨率,网页不如设成 1 000 安全一点;如果是 800 的分辨率一般都设成 770。不过在实际设计中一般都会设定得再小一点,因为有些浏览器加了插件或者其他的东西后宽度会有变化。所以,800 的分辨率一般设定 760 左右,1 024 的设定 990 左右,如图 4-24 所示。

图 4-24 中用辅助线和标尺把大概范围划分出来,请注意图中的划分,正好是 770 和 1 000 的地方。因为要做的网站是 1 024 分辨率下的,但是考虑到依然可能存在 800 分辨率的用户,所以把主要的内容和菜单都放置在 770 以内,770 ~ 1 000 的地方放一些辅助的东西。这个习惯特别是在做一些门户网站设计的时候更要考虑,毕竟改善用户体验也是我们要考虑的问题。

图 4-24　划分页面

制作网页的步骤如下：

首先，根据实际网页的宽高设置效果图的大小。

其次，制作网站的导航条。

接着，制作网页内容展示部分。

最后，把各版块的栏目名称和展示文字、图片添加上去。

练　习

自己按照要求设计制作出自己的个人主页效果图。

项目五　企业网站效果设计

CSS 排版是一种新的排版理念,它完全有别于传统的使用表格排版的习惯。利用 DIV +
CSS 不仅可以精美地布局网页,还有助于搜索引擎抓取网页内容,提高网站排名;并且更新
十分容易,并使页面载入得更快。本项目的要求是使用 DIV 创建和编辑企业网站,能够熟练
运用 CSS 进行修饰和美化网页。其首页页面效果如图 5-1 所示。

图 5-1　温州广厦建设开发有限公司首页

【知识目标】

1.熟练掌握 CSS 样式的基本语法。

2.熟练掌握各种对象样式的设置方法。

3.理解 CSS 定位。

4.掌握使用 DIV 进行网页布局的方法与技巧。

5.掌握 CSS 美化页面的各种方法和技巧。

【能力目标】

培养学生使用 CSS 编辑排版和美化页面的能力,从而可以创造性地制作出更多、更好的页面。

【预备知识】

一、CSS 样式的基本语法

CSS 由一系列的样式规则构成,样式规则具体定义和控制网页文档的显示方式。每个规则由一个"选择器"(Selector)和一个定义部分组成。每个定义部分包含一组由半角分号(;)分离的定义。这组定义放在一对大括号({ })之间。每个定义由一个特性,一个半角冒号(:)和一个值组成,如图 5-2 所示。

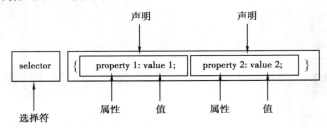

图 5-2　CSS 样式表的基本组成

实际上 CSS 的代码都是由一些最基本的语句构成的,基本结构如下:

选择符{属性:属性值}

例如:假设现在要设置元素的颜色为红色,字体大小为 12 px,其代码为:

P { color: red; font − size: 12px; }

二、CSS 选择器

选择器(selector)是 CSS 中很重要的概念,所有 HTML 语言中的标签都是通过不同的 CSS 选择器进行控制的。用户只需要通过选择器对不同的 HTML 标签进行控制,并赋予各种样式声明,即可实现各种效果。

1.标签选择器

一个 HTML 页面由很多标记组成,而 CSS 标记选择器就是声明哪些标记采用哪种 CSS 样式。例如 p 选择器,就是用于声明页面中所有 < P > 标记的样式风格。同样可以通过 h1 选择器来声明页面中所有的 < h1 > 标记的 CSS 风格。例如:

　< style >

```
p{
    color:red;   font - size:11 pt;
</style>
```

以上这段代码声明了 HTML 页面所有的 < p > 标记,文字的颜色都采用红色,大小都为 11 pt。每一个 CSS 选择器都包含选择器本身、属性和值,其中属性和值可以设置多个,从而实现对同一个标签声明多种样式风格,如图 5-3 所示。

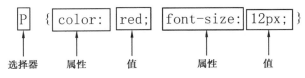

图 5-3　CSS 标签选择器

2. 类别选择器

标记选择器一旦声明,那么页面中所有的该标记都会相应地产生变化。因此仅靠标记选择器是远远不够的,还需要引入类别(class)选择器。

类别选择器的名称可以由用户自定义,属性和值跟标记选择器一样,也必须符合 CSS 规范,如图 5-4 所示。

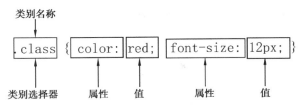

图 5-4　类别选择器

可以使用任何名称命名类,在 < body > 里所有的元素都可以定义"类",然后为"类"定义样式。在 CSS 中,类选择器以一个点号显示,代码如下所示:

```
< html >
< head >
< title > 类的应用 </title >
< style type = "text/css" >
. center { text - align: center }
</style >
</head >
< body >
< h1 class = "center" >
标题 1 文字居中对齐
</h1 >
< p class = "center" >
```

整个段落文字居中对齐

</p>

</body>

</html>

在上面的例子中,所有拥有 center 类的 HTML 元素均为居中。

在下面的 HTML 代码中,h1 和 p 元素都有 center 类。这意味着两者都将遵守".center"选择器中的规则。

另外,类别选择器还有一种直观的使用方法,就是直接在标记名称后接类别名称,以此来区别该标记,格式如图 5-5 所示。

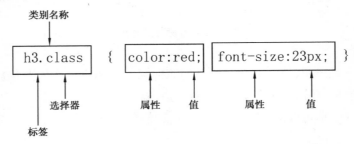

图 5-5　标签类别选择器

3. ID 选择器

使用方法与 class 选择器基本相同,不同之处在于 ID 选择器只能在 HTML 页面中使用一次,因此其针对性更强。在 HTML 的标记中只需要利用 id 属性,就可以直接调用 CSS 的 ID 选择器,其格式如图 5-6 所示。

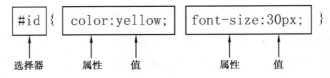

图 5-6　ID 选择器

注意:ID 选择器也可以用于多个标记,但这种用法是错误的。因为每个标记的 id 不只是被 CSS 调用,JavaScript 等脚本语言也可以调用,如果一个 HTML 中有两个相同的 id 的标记,会导致 JavaScript 在查找 id 时出错。

4. 伪类选择器

CSS 伪类用于向某些选择器添加特殊的效果,其格式如图 5-7 所示。

图 5-7　伪类选择器

最常用的伪类是锚伪类(a)。在支持 CSS 的浏览器中,链接的不同状态都可以用不同的方式显示,这些状态包括:活动状态、已被访问状态、未被访问状态和鼠标悬停状态。

4 种状态	例如
a:link　　该样式应用于未访问过的链接样式	a:link{color:#FF0000};
a:visited　　该样式应用于已访问过的链接样式	a:visited{color:#00FF00};
a:hover　　该样式应用于鼠标移动到链接上的样式	a:hover{color:#FF00FF};
a:active　　该样式应用于选定的链接样式	a:active{color:#0000FF};

三、CSS 的引用

参照"项目三　企业网站设计"预备知识的"CSS 的引用"内容。

四、盒子模型

盒子模型(也称为框模型)是 CSS 控制页面时的一个重要的概念,只有很好地掌握了盒子模型以及其中的每个元素的用法,才能真正地控制页面中各个元素的位置。

1. CSS 盒子模型的概述

所有页面中的元素都可以看成是一个容器(就像一个盒子),它占据着一定的页面空间。一般来说,这些被占据的空间往往都比单纯的内容要大。换句话说,可以通过调整容器的填充、边界等参数,来调节容器的位置。

盒子模型有两种,分别是标准 W3C 盒子模型和 IE 盒子模型。盒子模型的解释各不相同,先来看看我们熟悉的 W3C 标准盒子模型,如图 5-8 所示。

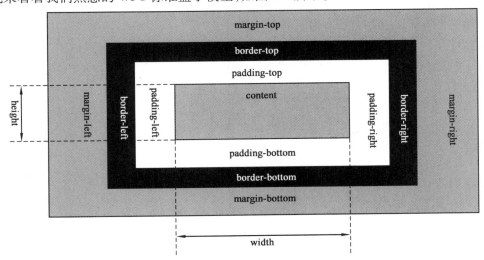

图 5-8　W3C 标准盒子模型

通过图 5-8 可知,CSS 盒模型(Box Model)规定了每个盒子都可以看成是由从内到外的 4 个部分构成,即内容(content)、填充(padding)、边框(border)和边界(margin),CSS 为这 4 个部分规定了相关的属性,通过对这些属性的控制可以丰富盒子的实际表现效果。

因此,在 W3C 标准盒子模型中,宽度(width)和高度(height)指的是内容区域的宽度和高度。增加填充、边框和边界不会影响内容区域的尺寸,但是会增加元素框的尺寸。

一个框的实际宽度(高度)是由 width(height) + padding + border + margin 组成。

再来看看 IE 盒子模型,如图 5-9 所示。

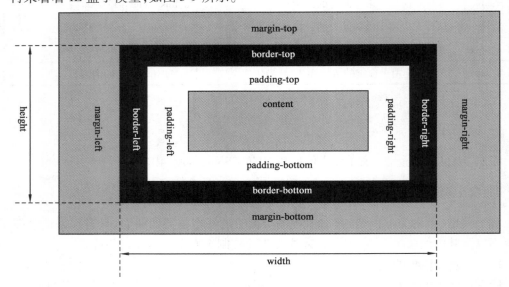

图 5-9   IE 盒子模型

从图 5-9 可以看到 IE 盒子模型的范围也包括内容(content)、填充(padding)、边框(border)、边界(margin),与标准 W3C 盒子模型不同的是:IE 盒子模型的 content 部分包含了 border 和 padding。

因此,在 IE 盒子模型中,宽度(width)和高度(height)指的是内容区域的宽度 + 填充和高度 + 填充。在实际制作网页时需要特别注意。

那到底我们应该选择哪种盒子模型呢?当然是"标准 W3C 盒子模型"了。怎么样才算是选择了"标准 W3C 盒子模型"呢?很简单,就是在网页的顶部加上 DOCTYPE 声明。如果不加 DOCTYPE 声明,那么各个浏览器会根据自己的行为去理解网页,即 IE 浏览器会采用 IE 盒子模型去解释你的盒子,而 FireFox(FF) 会采用标准 W3C 盒子模型解释你的盒子,所以网页在不同的浏览器中就显示的不一样了。反之,如果加上了 DOCTYPE 声明,那么所有浏览器都会采用标准 W3C 盒子模型去解释你的盒子,网页就能在各个浏览器中显示一致了。

其中 DOCTYPE 声明就是如下一行代码:

＜！DOCTYPE html PUBLIC ″–//W3C//DTD XHTML 1.0 Transitional//EN″″http://www.w3.org/TR/xhtml1/DTD/xhtml1 – transitional.dtd″＞

2.元素的边框

元素的边框(border)是围绕元素内容和填充的一条或多条线。CSS border 属性允许你规定元素边框 3 种属性,分别是宽度(width)、颜色(color)和样式(style),下面分别介绍这 3 种属性。

(1)边框宽度

边框宽度指边框的粗细程度。可以通过 border-width 属性为边框指定宽度。border-width 属性共有 4 种设置方法,如下:

- 设置一个值:4 条边框宽度均使用同一个设置值。
- 设置两个值:上下边框用第一个值,左右边框用第二个值。
- 设置三个值:上边框用第一个值,左右边框用第二个值,下边框用第三个值。
- 设置四个值:四个值分别对应上、右、下、左 4 条边框。

为边框指定宽度有两种方法:可以指定长度值,比如 4 px 或 0.2 em;或者使用 3 个关键字之一,它们分别是 thin 、medium(默认值) 和 thick。

（2）边框颜色

设置边框颜色可以通过设置 border - color 属性,它一次可以接受最多 4 个颜色值。在设置时跟 border - width 属性一样,也有 4 种设置方法。

可以使用任何类型的颜色值,例如可以是命名颜色,也可以是十六进制和 RGB 值。

（3）边框样式

可以通过 border - style 属性进行设置,它定义了 10 个不同的非 inherit 样式,包括 none、hidden、dotted、dashed、solid、double、groove、ridge、inset 和 outset,其中 hidden 与 none 都是不显示边框,显示效果完全相同。不过应用于表格时除外,对于表格,hidden 用于解决边框冲突。

在 IE 浏览器和 Fire Fox 浏览器中显示效果略有不同,如图 5-10 所示,对于 groove、ridge、inset 和 outset 这几种值,IE 都无法显示出完美效果。

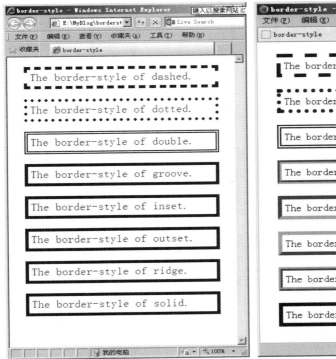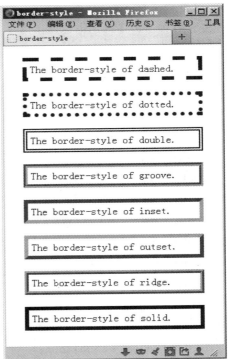

图 5-10　border-style

如希望单独设置 4 种边框的不同样式,可以通过分别单独设置 borer-left、borer-right、borer-top、borer-bottom 来完成,如图 5-11 所示。

图 5-11 4 种不同边框样式的应用

【例 5-1】设置 4 种边框样式

< html >

< head >

< title >分别设置 4 种边框 </title >

< style >

< ! – –

img {

    border – left – style：dotted；   /＊ 左点画线 ＊/

    border – left – color：#FF9900； /＊ 左边框颜色 ＊/

    border – left – width：5px； /＊ 左边框粗细 ＊/

    border – right – style：dashed；

    border – right – color：#33CC33；

    border – right – width：2px；

    border – top – style：solid； /＊ 上实线 ＊/

    border – top – color：#CC00FF； /＊ 上边框颜色 ＊/

    border – top – width：10px； /＊ 上边框粗细 ＊/

    border – bottom – style：groove；

    border – bottom – color：#666666；

    border – bottom – width：15px；

}

– – >

</style >

</head >

```
< body >
    < img src ="grape. jpg" >
</body >
</html >
```

另外,在给元素利用 background - color 设置背景色时,在 IE 浏览器中显示的区域为 content + padding,而在 FireFox 浏览器中却是 content + padding + border;这种状态在 border 为粗虚线时最明显,如图 5-12 所示。

图 5-12　在 IE 与 FireFox 浏览器中背景色的不同处理

3. 填充(padding)

padding 属性定义元素边框与内容之间的空白区域。padding 属性值可以是长度值或百分比值,但不允许使用负值,下面用一个例子来具体讲解其用法。

【例 5-2】设置内容与边框的距离

```
< html >
< head >
< title > padding - bottom 的运用 </title >
< style type ="text/css" >
. paddingbottom{
border - bottom: 8px solid red;
padding - bottom:30px;
}
</style >
</head >
< body >
< p class ="paddingbottom" >
```

padding 属性定义元素边框与内容之间的空白区域。padding 属性值可以是长度值或百分比值,但不允许使用负值。

```
    </p >
```

```
< p > Next paragraph < /p >
</body >
</html >
```

例 5-2 的执行结果如图 5-13 所示,可以看到实线与正文内容之间加大了距离。另外 3 边的距离可通过 padding – top、padding – left、padding – right 属性进行设置,用法相同。

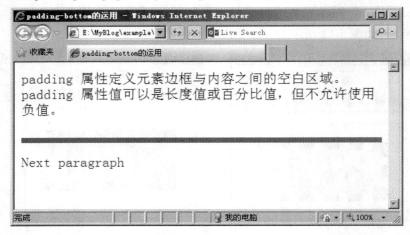

图 5-13　padding – bottom 应用

当需要同时设置 4 个方向的 padding 值时,可以将表示 4 个方向的属性语句合并在一起,用 padding 属性统一书写,如例 5-3 所示。

【例 5-3】设置 4 个方向的填充

```
< html >
< head >
< title > padding < /title >
< style  type = "text/css" >
<! – –
. outside{
    padding:10px 30px 50px 100px;          /* 同时设置,顺时针 */
    border:1px solid #000000;              /* 外边框 */
    background – color:#FFFFF0;            /* 外背景 */
}
. inside{
    background – color:#1A8CFF;            /* 内背景 */
    border:1px solid #FF0000;              /* 内边框 */
    width:100%; line – height:50px;
    text – align:center;
    font – family:Arial,"宋体";
    color:#FFFFFF;
}
```

```
– – >
</style >
</head >
< body >
< div class = "outside" >
    < div class = "inside" > padding 实例 </div >
</div >
</body >
</html >
```

例 5-3 的执行结果如图 5-14 所示,不只是 padding 属性的合并书写,后面提到的 margin 属性也可以合并书写。

图 5-14   4 个方向合并写法的效果图

4. 边界(margin)

margin 属性定义的是设置外边距。它会在元素外创建额外的"空白"区域,个人认为也就是调整盛放元素的容器与容器之间的距离。

设置外边距的最简单的方法就是使用 margin 属性,这个属性接受任何长度单位,可以是像素、英寸、毫米或 em,也可以是百分数值甚至负值。

margin 的默认值是 0,所以如果没有为 margin 声明一个值,就不会出现外边距。但是,在实际中,浏览器对许多元素已经提供了预定的样式,外边距也不例外。

例如,在支持 CSS 的浏览器中,外边距会在每个段落元素的上面和下面生成"空行"。因此,如果没有为 p 元素声明外边距,浏览器可能会自己应用一个外边距。当然,只要特别作了声明,就会覆盖默认样式。

若想精确定位容器的位置,就需要深入了解 margin 属性。

①当两个容器位于水平方向时,如图 5-15 所示。

当两个行内元素相邻时,它们之间的距离是第一个元素的 margin – right 与第二个元素的 mar-

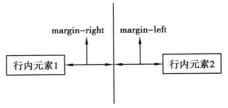

图 5-15   行内元素间的 margin 值

117

gin－top 的和,即:元素间的距离＝margin－right＋margin－top,如例 5-4 所示。

【例 5-4】设置两个行内元素的距离

```
< html >
< head >
< title > 两个行内元素的 margin </title >
< style type ="text/css" >
<!－－
span{
    background－color:#a2d2ff;
    text－align:center;
    font－family:"宋体";
    font－size:12px;
    padding:10px;
}
span.left{
    margin－right:50px;
    background－color:#a9d6ff;
}
span.right{
    margin－left:20px;
    background－color:#eeb0b0;
}
－－>
</style >
</head >
< body >
    < span class ="left" > 行内元素 1 </span > < span class ="right" > 行内元素 2 </
span >
</body >
</html >
```

例 5-4 的执行结果如图 5-16 所示,可以看出两个元素之间的距离是 50 px + 20 px ＝70 px。

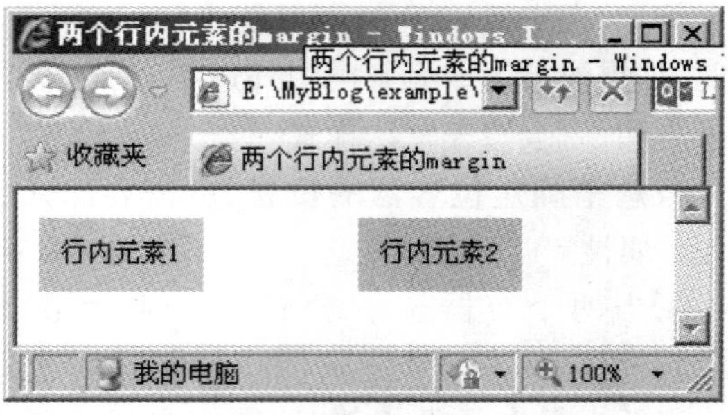

②如果不是行内元素,而是能够产生换行效果的块级元素时,两个块级元素间的距离就不再是 margin－bottom 和 margin－top 的和,而是它们两者之间的较大的一方,如图 5-17 所示。

图 5-16　行内元素间的 margin 距离

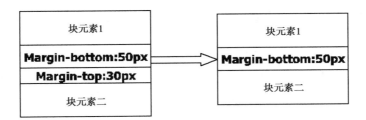

图 5-17　块元素之间的 margin 计算

【例 5-5】设置两个块元素的距离

```
< html >
< head >
< title > 两个块级元素的 margin </title >
< style type = "text/css" >
< ! – –
div{
    background-color:#FFCCCC;
    text-align:center;
    font-family:"宋体";
    font-size:12px;
    padding:10px;
}
– – >
</style >
</head >
< body >
    < div style = "margin-bottom:50px;" >块元素 1 </div >
    < div style = "margin – top:10px;" >块元素 2 </div >
</body >
</html >
```

例 5-5 的执行结果如图 5-18 所示,块元素之间的距离不是 50 px + 10 px = 60 px,而只是 margin – bottom 的 50 px。

五、CSS 定位和浮动

定位一直是 Web 标准应用中的难点,如果不能将定位理解清楚,那么就有可能出现可以实现的效果实现不了,而实现了的效果会怎样的情

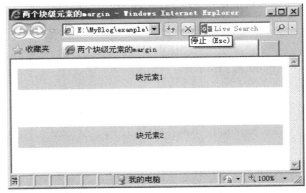

图 5-18　块级元素 margin 值的效果图

119

况。所以为了让网页中各个元素在自己合理的位置上，下面我们围绕 CSS 定位的原理与方法进行讲解。

1. 定位(position)

定位是 CSS 排版中非常重要的概念，它允许用户精确定义元素框出现的相对位置，例如，可以相对于它通常出现的位置，或者相对于其上级元素(父元素)、另一个元素甚至相对于浏览器窗口本身的位置。

通过使用 position 属性，我们可以选择 4 种不同类型的定位，这会影响元素框生成的方式。

2. position 属性值的含义

static：为默认值。块级元素生成一个矩形框，作为文档流的一部分，行内元素则会创建一个或多个行框，置于其父元素中。元素保持在应该在的位置上，即该值没有任何移动的效果。

relative：元素框偏移某个距离。元素仍保持其未定位前的形状，它原本所占的空间仍保留。即子块是相对于父块来进行定位的，再参考自身静态位置通过 top、bottom、left、right 这 4 个属性定位，并且可以通过 z-index 进行层次分级，如例 5-6 所示。

【例 5-6】设置 position 属性

```
< html >
< head >
< title > position 属性 </title >
< style type = "text/css" >
< ! - -
body {
    margin:10px;
    font - family:Arial,"宋体";
    font - size:12px;
}
#father {
    background - color:#a0c8ff;
    border:1px solid #000000;
    width:100%; height:100%;
    padding:5px;
}
#block1 {
    background - color:#D2E9FF;
    border:1px solid #000000;
    padding:10px;
    position:relative;   /* relative 相对定位 */
    left:25 px;       /* 子块的左边框距离它原来的位置 25 px */
```

```
        top:15%;
    }
    #block2{
        background－color:#FFEBD7;
        border:1px solid #000000;
        padding:10px;
    }
    －－>
    </style>
    </head>
    <body>
        <div id="father">
        <div id="block1">relative 相对定位</div>
            <div id="block2">block2</div>
        </div>
    </body>
    </html>
```

例 5-6 的执行结果如图 5-19 所示,将块 1 的 position 设置为 relative,块 2 没有设置与定位相关的属性。为了作比较,图 5-20 是两个元素块都未设置 position 属性。

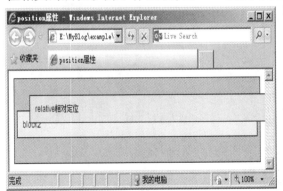

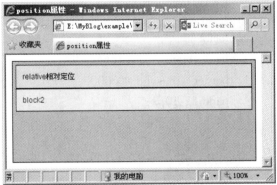

图 5-19　将块 1 设置为相对定位　　　图 5-20　未设置块 1 和块 2 的属性

● absolute:脱离文档流,通过 top,bottom,left,right 定位。选取其最近的父级定位元素,当父级 position 为 static 时,absolute 元素将以 body 坐标原点进行定位;当将子块的 position 为 absolute 时,子块已经不再从属于父块,而是相对页面 <body> 之间的距离了。可以通过 z-index进行层次分级,如例 5-7 所示。

【例 5-7】设置 absolute 属性

```
<html>
<head>
<title>absolute 属性</title>
<style type="text/css">
<!－－
```

```
body{
    margin:10px;
    font – family:Arial,"宋体";
    font – size:14px;
}
#father{
    background – color:#CEE7FF;
    border:1px solid #000000;
    width:100%;
    height:100%;
    padding:5px;
}
#block1{
    background – color:#fff0ac;
    border:1px solid #000000;
    padding:10px;
    position:absolute;    / *  absolute 绝对定位  * /
    left:80px;
    top:30px;
}
#block2{
    background – color:#FFCC99;
    border:1px solid #000000;
    padding:10px;
}
– – >
</style >
</head >
< body >
   < div id = "father" >
   < div id = "block1" >absolute 绝对定位 </div >
   < div id = "block2" >block2 </div >
   </div >
</body >
</html >
```

例 5-7 的执行结果如图 5-21 所示,将子元素块 1 的属性值设为 absolute,并调整其位置后,子元素块 2 就移到了父块的最上端。也就是说子元素块 1 此时已经不再从属于#father父块,子元素块 2 成为了父块中的第 1 个子元素块,所以移到了父块的上端。

图 5-21　两个子元素块的位置

● fixed:元素框的表现类似于将 position 设置为 absolute,不过其包含块是视窗本身,而并非是 body 或是父级元素。可通过 z－index 进行层次分级,如例 5-8 所示。

【例 5-8】设置 fixed 属性

```
< html >
< head >
< title > fixed 属性 </title >
< style type = "text/css" >
<!－－
body{
    margin:10px;
    font－family:Arial,"宋体";
    font－size:14px;
}
#father{
    background－color:#CEE7FF;
    border:1px solid #000000;
    width:100%;
    height:100%;
    padding:5px;
}
#block1{
    background－color:#fff0ac;
    border:1px solid #000000;
    padding:10px;
    position:fixed;    /* absolute 绝对定位 */
    left:80px;
    top:30px;
}
#block2{
```

```
        background - color:#FFCC99;
        border:1px solid #000000;
        padding:10px;
      }
    - - >
    </style >
    </head >
    < body >
      < div id = "father" >
      < div id = "block1" > fixed 固定文本 </div >
      < div id = "block2" > block2 </div >
      </div >
    </body >
    </html >
```

例 5-8 的执行结果如图 5-22 所示,当将子元素块 1 的 position 的属性值设置为 fixed 后,与将 position 设置为 absolute 的表现状态是一样的,不同之处就是元素块不随浏览器的滚动条向上或向下移动。但因浏览器 IE 7.0 与 IE 6.0 一样,不支持 position 属性的 fixed 值,因此不推荐使用该值。

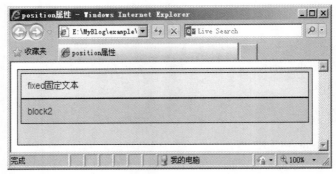

图 5-22　fixed 固定文本

注意:top,bottom,left 和 right 这 4 个属性,都是配合 position 属性使用的。当 position:absolute 时,表示的是元素块的各个边界与页面边框之间距离;当 position:relative 时,表示的是各个边界与原来位置的距离。

只有当 position:absolute | relative 时才有效,如 position:static 时,子元素块不会有任何变化。

top,bottom,left 和 right 这 4 个属性的属性值不但可以设置为绝对的像素,也可以设置为百分比。

由于浏览器间的不同,建议在设计时只设置 left 和 right 这两个属性中的一个,以及 top 和 bottom 这两个属性中的一个。对于元素块的高度和宽度可以通过 height 和 width 属性进行设置。

3. CSS 浮动(float)定位

通过使用 float 定位,设置浮动的框向左或向右移动,元素就会向其父元素的左侧或右侧靠紧,直到它的外边缘碰到父元素或另一个浮动元素的边框为止,如图 5-23 所示。

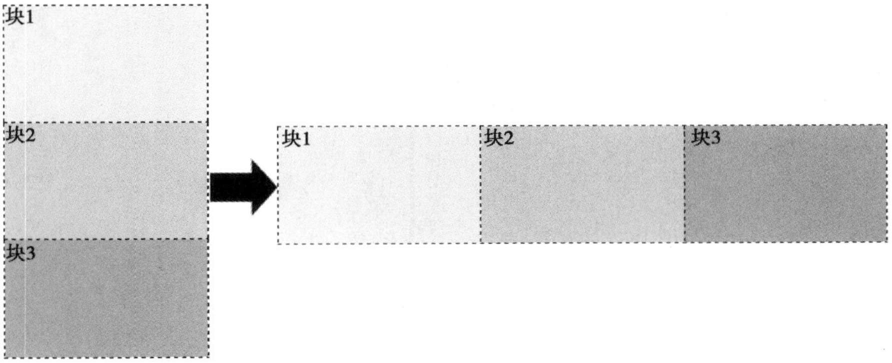

图 5-23　由不浮动效果到浮动后的效果

在 CSS 中,任何元素都可以浮动,我们通过 float 属性实现元素的浮动。常见的属性值有 4 个:

- left:元素向左浮动。
- right:元素向右浮动。
- none:默认值。元素不浮动,并会显示在其在文本中出现的位置。
- inherit:规定应该从父元素继承 float 属性的值。

通过对这 4 个属性的使用,是 CSS 排版中一种重要手段,如例 5-9 所示。

【例 5-9】设置 float 属性

```
< html >
< head >
< title > float 属性 < / title >
< style type = "text/css" >
< ! - -
body{
    margin:15px;
    font - family:Arial,"宋体";
    font - size:12px;
}
. father{
    background - color:#fffea6;
    border:1px solid #000000;
    padding:25px;    /* 父块的 padding */
}
. son1{
    padding:10px;    /* 子块 son1 的 padding */
```

```
            margin:5px;     /* 子块 son1 的 margin */
            background－color:#C8E3FF;
            border:1px solid #000000;
            float:left;                      /* 块 son1 左浮动 */
                width:200px;
        }
        . son2｛
            padding:5px;
            margin:0px;
            background－color:#ffd270;
            border:1px solid #000000;
        }
        －－＞
    ＜/style＞
    ＜/head＞
    ＜body＞
        ＜div class＝"father"＞
        ＜div class＝"son1"＞float 属性定义元素在哪个方向浮动。以往这个属性总应用于图
像,使文本围绕在图像周围,不过在 CSS 中,任何元素都可以浮动。浮动元素会生成一个块
级框,而不论它本身是何种元素。
                ＜/div＞
        ＜div class＝"son2"＞float2＜/div＞
        ＜/div＞
    ＜/body＞
    ＜/html＞
```

例 5-9 的执行结果如图 5-24 所示,子块 1 设置左浮动,float 值为 left。为了作比较,图
5-25 是两个子元素块都未设置 float 属性。

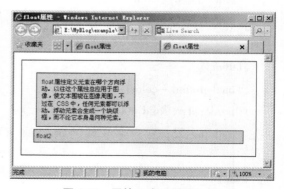

图 5-24 子块 1 设置有 float 值   图 5-25 子块 1 未设置 float 值

如将两个子元素块都设置向左浮动,就会出现子元素块 2 环绕子元素块 1,如例 5-10 所示。

【例 5-10】清除浮动

< html >

< head >

< title > float 属性 clear </ title >

< style type = "text/css" >

< ! − −

body {

　　margin:5px;

　　font − family:Arial;

　　font − size:13px;

}

. block1 {

　　padding − left:10px;

　　margin − right:10px;

　　float:left;　 / ∗ 块 1 向左浮动 ∗/

}

h3 {

　　background − color:#a5d1ff;　 / ∗ 标题的背景色 ∗/

　　border:1px dotted #222222;　 / ∗ 标题边框 ∗/

}

− − >

</ style >

　　</ head >

< body >

　　< div class = "block1" > < img src = "20090626133558957. jpg" width = "151" height = "360" > </ div >

< div >对于一个网页设计者来说,HTML 语言一定不会感到陌生,因为它是所有网页制作的基础。但是如果希望网页能够美观、大方,并且升级方便,维护轻松,那么仅仅 HTML 是不够的,CSS 在这中间扮演着重要的角色。本章从 CSS 的基本概念出发,介绍 CSS 语言的特点,以及如何在网页中引入 CSS,并对 CSS 进行初步的体验。 </ div >

　　< h3 > float 属性 </ h3 >

< div >float 属性定义元素在哪个方向浮动。以往这个属性总应用于图像,使文本围绕在图像周围,不过在 CSS 中,任何元素都可以浮动。浮动元素会生成一个块级框,而不论它本身是何种元素。</ div >

　·</ body >

　</ html >

例 5-10 所示的效果如图 5-26 所示,子块 1 向左浮动后,出现了图文混排效果,但作为第 2 段的标题却位于图片的后面,这该如何解决呢?

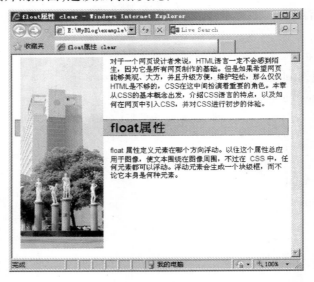

图 5-26   标题被覆盖

因此,这种情况就需要清除子块 1 浮动后对包含第 2 段标题文字的 < h3 > 的影响,如下所示。

```
h3{
    background – color:#a5d1ff;       /* 标题的背景色 */
    border:1px dotted #222222;        /* 标题边框 */
    clear:left;                       /* 清除 float 对左侧的影响 */
}
```

这样从 < h3 > 开始的内容便与子块 1 无关,重新另起一段,如图 5-27 所示。

注意:

clear 属性一般与 float 属性配合使用。

clear 属性值主要有以下几种:

- clear:left;   清除 float 对左侧内容的影响;
- clear:right;   清除 float 对右侧内容的影响;
- clear:both;   清除对左右两侧都有浮动的块元素的影响;
- clear:none;   左右两端都可以有浮动。

4. z-index 空间位置

z-index 属性用于调整定位时重叠块的上下位置,与它的名称一样,想象页面为 x – y 轴,垂直于页面的方向为 z 轴,z-index 值大的页面元素位于其值小的上方,如图 5-28 所示。

z-index 属性值为整数,可以是正数也可以是负数。但块被设置了 position 属性时,该值便可设置各块之间的重叠高低关系。默认的 z-index 的值为 0,当两个块的 z-index 值一样时,将保留原有的高低覆盖关系,即后面的块覆盖前面的块。

图 5-27　清除 float 影响

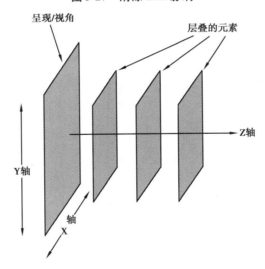

图 5-28　z-index

【例 5-11】设置 z-index 属性

< html >

< head >

< title > z-index 属性 </ title >

< style type = "text/css" >

< ! − −

body {

```
    margin:10px;
    font-family:Arial,"宋体";
    font-size:13px;
}
#block1{
    background-color:#FFE3D7;
    border:1px solid #000000;
    padding:10px;
    position:absolute;
    left:20px;
    top:30px;
    z-index:1;              /* 高低值1 */
}
#block2{
    background-color:#B9DCFF;
    border:1px solid #000000;
    padding:10px;
    position:absolute;
    left:50px;
    top:60px;
    z-index:0;              /* 高低值0 */
}
#block3{
    background-color:#C1FFC1;
    border:1px solid #000000;
    padding:10px;
    position:absolute;
    left:80px;
    top:90px;
    z-index:-1;            /* 高低值-1 */
}
-->
</style>
</head>
<body>
    <div id="block1">第1层</div>
```

```
< div id = "block2" > 第 2 层 </div >
< div id = "block3" > 第 3 层 </div >
</body >
</html >
```

例 5-11 对 3 个有重叠关系的元素块设置了不同的 z-index 值,在设置前后的效果如图 5-29 和图 5-30 所示。

图 5-29 设置 z-index 值前

图 5-30 设置 z-index 值后

5. < div > 标签与 < span > 标签

在 HTML 中, < span > 与 < div > 元素被用来表达一个逻辑区块。在使用 CSS 排版的页面中, < div > 与 < span > 是两个常用的标签。

DIV(division)是一个块级元素,可以包含段落、标题、表格,乃至诸如章节、摘要和备注等各种 HTML 元素,并且它包围的元素会自动换行。也就是说 < div > </div > 之间是一个容器,可以把 < div > 与 </div > 中的内容视为一个独立的对象,用于 CSS 的控制。声明时只要对 < div > 进行相应的控制,其中的各标签元素都会因此而改变。

而 span 是行内元素,span 的前后是不会换行的,它没有结构的意义,纯粹是应用样式,当其他行内元素都不合适时,可以使用 span。

需要注意的是, < span > 标记可以包含于 < div > 标记之中,成为它的子元素,而反过来则不成立,即 < span > 标记不能包含 < div > 标记。通俗地说,就是行内元素相当一个小容器,而 < div > 相当于一个大容器,大容器当然可以放小容器, < span > 就是小容器。

【例 5-12】div 标签与 span 标签的区别

```
< html >
< head >
< title > div 标签与 span 标签的区别 </title >
</head >
< body >
< h3 > DIV 标签不同行 </h3 >
< div > < img src = "scene. jpg" / > </div >
```

```
< div > < img src = "scene. jpg" / > </div >
< div > < img src = "scene. jpg" / > </div >
<h3 > span 标签同一行 </h3 >
< span > < img src = "scene. jpg" / > </span >
< span > < img src = "scene. jpg" / > </span >
< span > < img src = "scene. jpg" / > </span >
</body >
</html >
```

例 5-12 所示的效果如图 5-31 所示,由 < div > 标签环绕的图片被分到 3 行中,< span >标签环绕的图片在同 1 行中。

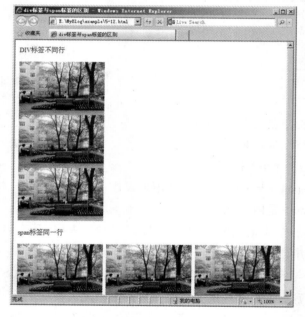

图 5-31　Div 与 span 的区别

任务一　使用 DIV 创建企业网站首页

任务概述

现在国内很多大型门户网站已经纷纷采用 DIV + CSS 技术制作页面的这种方法,它让我们制作的网页更有亲和力,布局结构更加的灵活,而且功能更加的强大。因此本任务要求使用 DIV + CSS 布局排版技术,制作如图 5-32 所示的企业网站首页效果。通过本任务的学习,让学生能够掌握如下知识:

①掌握利用 DIV 标签与 SPAN 标签的用法。
②掌握常见网站利用 CSS + DIV 布局方法。
③熟练应用各种对象样式的设置方法。

图 5-32 企业网站首页

操作流程

①打开在 E 盘的命名为 web 文件夹,将准备好的素材文件复制到 images 文件夹中,再新建一个文件夹,命名为 style,用来放置样式表文件。

②分析排版构架,整个页面大体框架并不复杂,最外层的框架依次为以下几个部分,如图 5-33 所示。

首先新建一个首页,命名为 index. html,打开代码视图,按照分析的页面框架,进行页面布局。然后再新建一个样式表文件,命名为 basic. css。

在 < body > 标签中添加如下代码:

```
< html >
< head >
< title >温州广厦 </ title >
</ head >
< body >
< div id = "header" > </ div >
< div id = "nav" > </ div >
< div id = "sidebar" > </ div >
< div id = "news" > </ div >
```

```
< div id = "about" > </div >
< div id = "estate" > </div >
< div id = "footer" > </div >
</body >
</html >
```

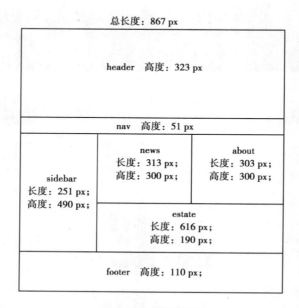

图 5-33　页面框架

③根据上面对页面整体框架的设计,分别制作各个模块。采用自上而下,从左到右的制作顺序。

● 制作顶部 header

header 部分只是放置一个带有公司 Logo 和公司标语的 Flash 动画,代码如下所示。显示效果如图 5-34 所示。

图 5-34　header 部分的动画

在 index. html 中 header 容器中书写代码。首先,建立 HTML 相关结构,并利用 < embed > 添加 Flash 动画。

```
< div id = "header" >
< embed src = "images/banner. swf" > </embed >
</div >
```

其次,新建一个样式表文件,命名为 basic.css。双击打开,在代码视图中书写代码,设置 body 和 header 容器中涉及的属性,并设置页面的背景效果。

```css
body {
    width:867px;
    margin:0 auto;    /*设置主体宽度后,再设置 margin 值,所有内容都会居中*/
    background:#2c383e url(../images/bgindex.jpg) repeat - x;
    font - size:12px;
    color:#666;
}
#header {
    width:867px;
    height:323px;
}
#header embed {
    display:block;          /*将 Flash 动画设置成块元素*/
    width:867px;
    height:323px;
}
```

● 制作 nav 横向导航菜单

导航条的样式风格比较简单,鼠标没有指向的超链接是白色无下划线样式,有鼠标指向的超链接样式则变化为黄色加粗并有下划线。通过 CSS 属性设置就可以达到导航效果。代码如下所示,导航效果如图 5-35 所示。

图 5-35　横向导航条

在 index.html 中 nav 容器中书写代码。首先建立 HTML 相关结构,将菜单的各个链接部分用项目列表 < ul > 表示,代码如下。

```html
< div id = "nav" >
    < ul >
    < li > < a href = "index.html" >首页 </a > </li >
    < li > < a href = "about.html" >关于我们 </a > </li >
    < li > < a href = "news.html" >新闻动态 </a > </li >
    < li > < a href = "lou.html" >楼盘展示 </a > </li >
    < li > < a href = "job.html" >人才招聘 </a > </li >
    < li > < a href = "contact.html" >联系我们 </a > </li >
    < li class = "end" > < a href = "guest.html" >留言反馈 </a > </li >
    </ul >
</div >
```

其次在 basic. css 文件中设置项目列表 < ul > 的属性,将项目符号设置为不显示。并且设置整个 nav 的宽度及文字的字体。再设置 < li > 的 float 属性,使得各个项目都水平地显示,但因这里需要做 7 个项目,需要计算每一个项目的宽度,经过计算后,得出前 6 个项目每个项目的长度为 124 px,最后一个项目的长度是 $867 - 6 \times 124 = 123$(px),所以需要给最后一个项目单独制作一个类样式,单独定义它的长度为 123 px。然后给前 6 个项目后插入一张名为 linkr. gif 的图片,作为分隔线。最后,再设置 < a > 的相关属性。相关代码如下所示。

```
ul {
    list – style – type:none;  /* 将无序列表前的黑色圆点取消 */
}
#nav {
    width:867px;
    height:51px;
    background:url(../images/linkbg. jpg);
}
#nav ul {
    height:51px;
    line – height:51px;  /* 以上两行代码是让导航条的文字居中 */
}
#nav ul li {
    text – align:center;
    height:51px;
    width:124px;
    background:url(../images/linkr. gif) no – repeat right center;
    /* 在前 6 个项目后添加分隔线 */
    float:left;        /* 7 个项目水平显示 */
    /* 长度:124;6 个长度:744;  最后一个长度:867 – 744 = 123   */
}
#nav ul li. end {
    width:123px;
    background:none;
}
#nav ul li a {
    display:inline – block;  /* 显示出块的高度和宽度达到要求的 124 * 51,当然这要求
IE8 以上的版本 */
    width:124px;
    height:51px;
    color:#fff;
    text – decoration:none;  /* 取消下划线样式 */
```

```
    }
#nav ul li a:hover {
    font－size:14px;
    font－weight:bold;
    color:yellow;
    text－decoration:underline; / * 悬停状态的文字添加下划线样式 */
    }
#nav ul li.end a {
    width:123px;
    }
```

重点知识

> **无序列表与有序列表**
>
> （1） < ul > 与 < li > 标签
>
> < ul > … < /ul > 标签称为无序列表,指的是没有进行编号的列表,每一个列表项前使用 < li > … < /li > 。 < li > 的属性 type 有 3 个选项:disc:实心圆,circle:空心圆,square:小方块。书写结构如下所示:
>
> ```
>    < ul >
>      < li >第 1 项 < /li >
>      < li >第 2 项 < /li >
>        ⋮
>    < /ul >
> ```
>
> （2） < ol > 与 < li > 标签
>
> < ol > … < /ol > 标签称为有序列表,指的是带有前后顺序编号的列表,每一个列表项前使用 < li > … < /li > 。顺序编号的设置是由 < ol > 的两个属性 type 和 start 来完成的。其中 type 属性用于编号的数字、字母的类型,type = 1 | A | a | I | i;start 属性用于编号开始的数字。
>
> 书写结构如下所示:
>
> ```
>    < ol >
>      < li >第 1 项 < /li >
>      < li >第 2 项 < /li >
>        ⋮
>    < /ol >
> ```

● 制作左侧边栏内容——欢迎 welcome

在 index. html 中 sidebar 容器中书写代码。首先建立 HTML 相关结构,代码如下。

< div id = "sidebar" >

　　< h1 >欢迎光临 < /h1 >

　　< img src = "images/wel2. gif" alt = "欢迎光临" / >

```
<ul >
<li >温州广厦 </li >
<li >中国知名房地产企业  </li >
<li >中国建设行业信用 3A 级单位 </li >
<li >被中华全国工商业联合会房地产  </li >
<li >商会推选为理事会员  </li >
<li >消费者信得过、放心开发商  </li >
<li >重质量创品牌优秀单位  </li >
<li >质量、服务诚信示范单位  </li >
<li >被龙湾建设局评为先进单位  </li >
<li > < a href = "#" > </a > </li >
<li class = "line" > </li >
<li >三盘领海  </li >
<li >全国最佳景观别墅  </li >
<li >全国 100 个顶级别墅区之一  </li >
<li > < a href = "#" > </a > </li >
</ul >
</div >
```

其次设置左侧边栏的样式。首先定义 sidebar 容器的宽度和高度,以及背景图片;并定义标题文字的显示状态。然后再定义其他文字的显示效果和带有超链接性质的"more"的制作。最后再定义一个类样式,制作一个类似水平线的效果,如图 5-36 所示。

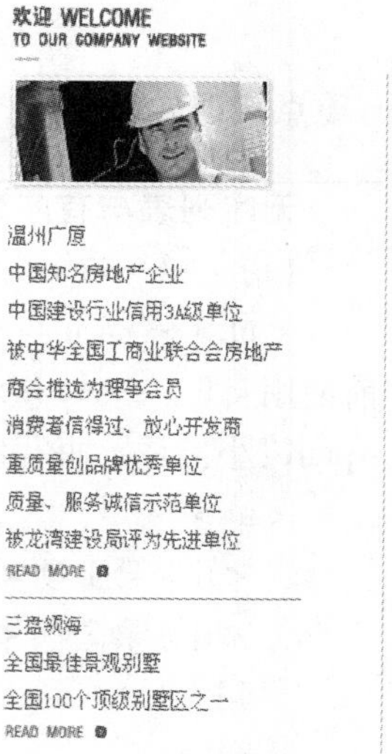

图 5-36　左侧边栏

```
#sidebar {
    width:251px;
    height:490px;
    background:#fff url(../images/weline. gif) no－repeat right 54% ;
    float:left;
}
#sidebar h1 {/＊标题文字及右侧垂直线条＊/
    background:url(../images/wel. gif) no－repeat;
    width:123 px;
    height:35 px;
    font－size:100% ;/＊字体大小为 100% ,就是 12 px,是继承了 body 中字的大小＊/
    text－indent: －9999px ;/＊首行左缩进到人看不到的地方,一般用于隐藏文字。＊/
    margin－top:20px;
    margin－left:20px ;/＊以上两行用于调整欢迎光临的位置 ＊/
}
```

```
#sidebar img {
    display:block;
    margin - left:16px;
}
#sidebar ul {
    padding - top:10px;
    line - height:180% ;
    text - indent:20px;
}
#sidebar ul li a {/ * 超链接文字 read more 样式 * /
    display:inline - block;
    width:65px;
    height:11px;
    background:url( . . /images/more. gif ) no - repeat left center;
}
#sidebar ul li. line {/ * 下方的水平线条 * /
    border - bottom:1px solid #999;
    margin - left:20px;
    margin - right:50px;
    margin - bottom:5px;
    height:10px;
}
```

● 制作右侧内容——新闻中心 COMPANY NEWS

在 index. html 中 news 容器中书写代码。首先建立 HTML 相关结构,代码如下。

```
< div id = "news" >
    < h1 >新闻中心 </h1 >
    < ul >
    < li class = "date" >2007 - 9 - 28 9:27:21 </li >
    < li >央行:第 2 套住房贷款首付款比例不得低于 40%  </li >
    < li class = "date" >2007 - 8 - 20 10:41:23  </li >
    < li >智能化工程招标  </li >
    < li class = "date" >2006 - 12 - 8 16:48:41  </li >
    < li >温州 NO.1 豪宅即将出炉  </li >
    < li class = "date" >2006 - 8 - 7 16:06:00  </li >
    < li >塘下金河大厦 8 月份进行预验收,并于年底交付… </li >
    < li class = "date" >2006 - 8 - 7 16:05:09  </li >
    < li >三盘领海别墅区已开始预登记  </li >
    < li > < a href = "#" > </a > </li >
```

```
        </ul>
      </div>
```

其次设置 news 中的样式。news 中的标题文字的做法类似于左侧边栏 sidebar 中的做法,可以将 sidebar 中的 h1 样式复制过来,进行修改即可。下面的日期可以定义一个名为 date 的类样式,设置如图 5-37 所示的样式。最后再定义带有超链接性质的"READ MORE"的制作,与左侧边栏 sidebar 中的做法类似,可以将 sidebar 中的样式复制过来,进行修改即可。

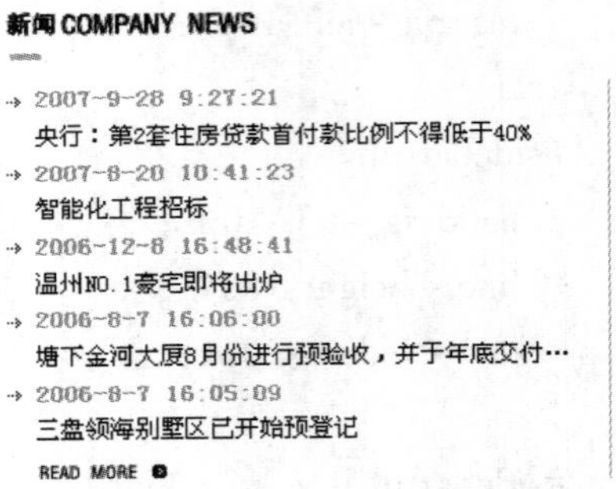

新闻 COMPANY NEWS

→ 2007-9-28 9:27:21
　央行:第2套住房贷款首付款比例不得低于40%
→ 2007-8-20 10:41:23
　智能化工程招标
→ 2006-12-8 16:48:41
　温州NO.1豪宅即将出炉
→ 2006-8-7 16:06:00
　塘下金河大厦8月份进行预验收,并于年底交付…
→ 2006-8-7 16:05:09
　三盘领海别墅区已开始预登记
READ MORE ●

图 5-37　新闻

```
#news {
    width:313px;
    height:300px;
    background:#fff;
    float:left;
}
#news h1 {/*标题文字*/
    background:url(../images/news.gif) no-repeat;
    width:123px;
    height:27px;
    font-size:100%;
    text-indent:-9999px;
    margin-top:20px;
    margin-left:20px;
}
#news ul {/*制作右侧箭头的项目符号*/
    line-height:160%;
    margin-top:10px;
    margin-left:20px;
    background:url(../images/weline.gif) repeat-y right top;
}
#news ul li {
    padding-left:15px;
}
#news ul li.date {/*黄色日期的文字*/
    color:orange;
    font-weight:bold;
    background:url(../images/ico.gif) no-repeat left center;
}
```

```
#news ul li a {/*超链接文字 read more 样式*/
    display:inline - block;
    width:65px;
    height:11px;
    background:url( ../images/more. gif) no - repeat left center;
    margin - top:5px;
}
```

● 制作右侧内容——关于 ABOUT COMPANY

在 index. html 中 about 容器中书写代码。首先建立 HTML 相关结构,代码如下。

```
< div id = "about" >
    <h1 >关于我们 </h1 >
    < img src = "images/aboutimg. gif" alt = "关于我们"/ >
    < p >温州广厦建设开发有限公司,法定代表人:余文龙;企业类型:有限责任公司;经营范围:房地产开发(凭资质证经营)。建筑材料销售。公司现有职工 40 余人,其中专业技术人员 28 人(高级职称 7 人,中级职称 21 人)... </p >
    < a href = "#" > </a >
</div >
```

其次添加 about 中的样式。设置 about 中的标题文字的做法与之前的标题文字做法类似,可以将之前的 h1 样式复制过来,进行修改即可;然后在标题文字下方以插入图片的方式添加 aboutimg. gif,并设置相应属性;最后添加相应的文字内容,最后再定义带有超链接性质的"READ MORE"的制作,与之前制作方法相同。效果如图 5-38 所示。

图 5-38　关于

```
#about {
    width:303px;
    height:300px;
    background:#fff;
    float:left;
}
#about h1 {/*标题文字*/
    background:url( ../images/about. gif) no - repeat;
    width:127px;
    height:26px;
    font - size:100% ;
    text - indent: -9999px;
    margin - top:20px;
    margin - left:20px;
```

```
    }
    #about img {
        display:block;
        margin - left:16px;
    }
    #about p {/ * 下方的正文文字 */
        width:235px;
        margin - left:23px;
        color:#666;
        line - height:150% ;
    }
    #about a {/ * 超链接文字 read more 样式 */
        display:inline - block;
        width:65px;
        height:11px;
        background:url(../images/more.gif) no - repeat left center;
        margin - top:8px;
        margin - left:22px;
    }
```

● 制作右侧内容——新楼盘 NEW ESTATE

在 index.html 中 estate 容器中书写代码。首先建立 HTML 相关结构,代码如下:

```
< div id ="estate" >
    < div id ="escon" >
    < img src ="images/estate.gif" alt ="新楼盘" / >
    < dl >
    < dt >新楼盘 </dt >
    < dd >三盘 · 领海  </dd >
    < dd >三盘领海坐落在温州著名风景区——洞头三盘岛西边,海中湖中间,也是温州
到洞头县城的必经之路,与温州市区 50 公里,与洞头县城只需 3 分钟... </dd >
    < dd > < a href ="#" > </a > </dd >
    </dl >
    </div >
</div >
```

其次添加 estate 中的样式。首先先制作 estate 中上方的灰色横向线条,并设置图片在左侧显示。然后设置右侧的图片和文字。最后再定义带有超链接性质的“READ MORE”的制作,与之前制作方法相同,效果如图 5-39 所示。

图 5-39　新楼盘

```css
#estate {
    width:616px;
    height:190px;
    background:#fff;
    float:left;
}

#estate #escon {/* 制作 estate 中上方的灰色横向线条 */
    width:533px;
    height:189px;
    margin - left:33px;
    border - top:1px solid #ccc;
}

#estate #escon img {/* 图片在左侧,设置区块并浮动 */
    display:block;
    float:left;
    padding - top:15px;
}

#estate #escon dl {/* 设置右侧 dl 的宽度和浮动效果 */
    float:left;
    width:288px;
}

#estate #escon dl dt {/* 标题文字 */
    background:url(../images/estate1.gif) no - repeat;
    width:117px;
    height:30px;
    font - size:100%;
    text - indent: - 9999px;
    margin - top:20px;
    margin - left:20px;
}

#estate #escon dl dd {/* 文字与边界的距离 */
    padding:2px 0 2px 20px;
```

```
}
#estate #escon dl dd a {/ * 超链接文字 read more 样式 */
    display:inline - block;
    width:65px;
    height:11px;
    background:url(../images/more.gif) no - repeat left center;
    margin - top:8px;
}
```

● 制作 footer 部分

在 index.html 中 footer 容器中书写代码。首先建立 HTML 相关结构,代码如下:

```
< div id ="footer">
    < img src ="images/footer2.gif" alt ="声明" />
    < p > COPYRIGHT &copy; WZGS.NET, 2006. All RIGHTS RESERVED </p >
</div >
```

其次添加 footer 中的样式。首先给 footer 容器添加名为 bg.gif 的一张背景图片,并设置容器的大小。因为上面的 sidebar、news、about、estate 4 个窗口都设置了左浮动,所以在这里必须在 footer 中添加 clear:both 语句,从而清除所有的浮动影响。最后再定义版权文字的属性。

```
#footer {
    clear:both; / * 清除浮动 */
    width:867px;
    height:110px;
    background:url(../images/bg.gif);
}
#footer img {
    padding - top:10px;
}
#footer p {
    color:#ccc;
    text - align:right;
    font - family:Tahoma;
    font - size:10px;
    padding - right:10px;
    padding - top:10px;
}
```

● 整体调整

通过前面的设置,整个页面就基本制作完成了。最后再综合各个方面的因素对各个参数进行调整即可。

练 习

利用所学知识,利用 CSS 的 DIV 排版方式,完成如图 5-40 所示的个人主页。

图 5-40　个人网页效果图

任务二　使用 DIV 创建企业网站子页面

任务概述

在任务一中我们完成了企业网站首页的制作,在任务二中我们继续通过使用 DIV + CSS 布局排版技术,来制作如图 5-41 所示的企业网站子页面"关于我们"的效果图。通过本任务的学习,让学生能够掌握如下知识:

①掌握利用 DIV 标签与 SPAN 标签的用法。

②掌握常见网站利用 CSS + DIV 布局方法。

③熟练应用各种对象样式的设置方法。

图 5-41　关于我们

操作流程

①整理样式表 basic.css,将里面用来定义网页顶部、导航条和网页底部的样式内容剪切到新建的样式表 index.css 中。并在 index.html 中再链接一个样式表,代码如图 5-42 所示。

```
<head>
<meta http-equiv="Content-Type" content="text/html; charset=gb2312" />
<title>温州广厦</title>
<link rel="stylesheet" type="text/css" href="style/basic.css" />
<link rel="stylesheet" type="text/css" href="style/index.css" />
</head>
```

图 5-42　链接样式表

②新建一个网页,命名为 about. html,将首页中制作的"header"容器、"nav"容器、"foot-er"容器复制到 about. html 中。

在 < body > 标签中的代码如下,预览效果如图 5-43 所示。

图 5-43 只有基本内容的"关于我们"页面

```
< body >
< div id = "header" > < embed src = "images/banner. swf" > < /embed > < /div >
< div id = "nav" >
  < ul >
  < li > < a href = "index. html" > 首页 < /a > < /li >
  < li > < a href = "about. html" > 关于我们 < /a > < /li >
  < li > < a href = "news. html" > 新闻动态 < /a > < /li >
  < li > < a href = "lou. html" > 楼盘展示 < /a > < /li >
  < li > < a href = "job. html" > 人才招聘 < /a > < /li >
  < li > < a href = "contact. html" > 联系我们 < /a > < /li >
  < li class = "end" > < a href = "guest. html" > 留言反馈 < /a > < /li >
  < /ul >
< /div >
  ⋮
在中间添加内容
  ⋮
  < div id = "footer" >
```

```
< img src ="images/footer2. gif" alt ="声明" / >
< p > COPYRIGHT &copy; WZGS. NET, 2006. All RIGHTS RESERVED </p >
</div >
```

③分析排版构架,整个页面大体框架并不复杂,最外层的框架依次为以下几个部分,如图 5-44 所示。

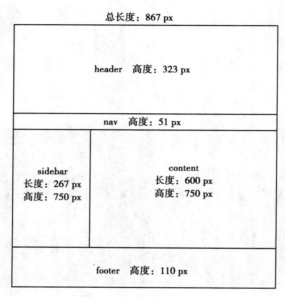

总长度: 867 px

header   高度: 323 px

nav   高度: 51 px

sidebar
长度: 267 px
高度: 750 px

content
长度: 600 px
高度: 750 px

footer   高度: 110 px

图 5-44   页面框架

④在导航条下方,只需要添加两个容器,一个是 sidebar,一个是 content。添加代码如下:

```
< div id ="sidebar" >   </div >
< div id ="content" >   </div >
```

⑤新建一个样式表,命名为 about. css,并将它链接到 about. html 中,代码如下:

```
< title > 温州广厦 </title >
< link rel ="stylesheet" type ="text/css" href ="style/basic. css" / >
< link rel ="stylesheet" type ="text/css" href ="style/about. css" / >
</head >
```

⑥在 about. css 中添加代码,分别设置 sidebar 和 content 这两个容器的长、高、背景颜色以及浮动状态,代码如下:

```
#sidebar {
    width:267px;
    height:750px;
    background:#ffffff;
    float:left;
}
#content {
    width:600px;
```

```
height:750px;
background:#ffffff;
float:right;
}
```

⑦在 about. html 中的 sidebar 容器中添加一个名为"about. swf"的动画导航条,代码如下:

```
< div id = "sidebar" >
    < embed src = "images/about. swf" > < /embed >
</div >
```

⑧在 about. css 中,添加代码定义 about. swf 动画的宽度、高度,并设置让它成为块元素,最后再调整这个动画的位置,代码如下:

```
#sidebar embed {
        display:block;
        width:220px;
        height:200px;
        margin:0 auto;
        margin - top:20px;
}
```

这样,在 sidebar 容器中的内容就制作完成了。

⑨开始制作 content 中的内容。首先 content 上面是一个标题,然后下面是一张图片,最后是"关于我们"的文字信息。

a. 添加标题。使用 < h1 > 标签, < h1 > 关于我们 < /h1 >。它的样式之前做过,在 in-dex. css 中找到#sidebar h1,并将它复制到 about. css 中,再进行简单地将#sidebar h1 修改为# content h1,以及把图片的路径、宽度和高度进行修改即可,代码如下:

```
#content h1 {
    background:url( . . /images/aboutme. gif) no - repeat;
    width:127px;
    height:26px;
    font - size:100% ;
    text - indent: - 9999px;
    margin - top:20px;
    margin - left:20px;
}
```

b. 添加标题下方的图片。在 about. html 中 content 容器里,插入前景图片 aboutme_pic. gif,并在 about. css 中定义样式,因为只有一张前景图片,所以可以直接定义 img 标签,代码如下:

```
#content img {
    display:block;
```

```
    padding – left:15px;
  }
```

c. 最后添加"关于我们"的文字信息。首先将准备好的文字复制粘贴到 index. html 中，再利用 < p > </p > 标签分为 3 个段落，最后定义样式，样式代码如下：

```
#content p {
    padding – left:20px;
    padding – right:60px;
    line – height:180%;
    text – indent:24px;
  }
```

因为第一段文字中的前几个字的颜色是蓝色的，所以就一个行内元素 < span > </span > 单独定义为蓝色，如图 5-45 所示，代码如下：

```
#content p span {
    color:#0066ff;
```

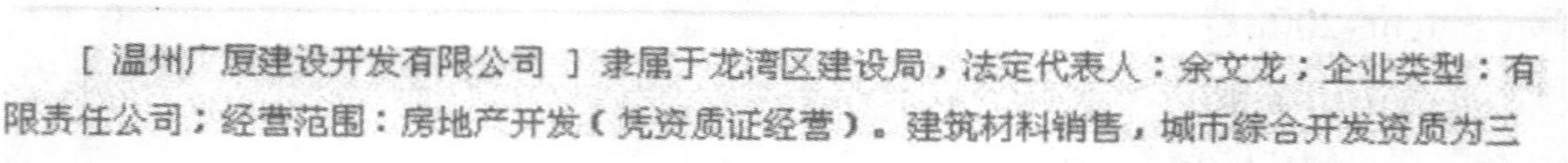

［ 温州广厦建设开发有限公司 ］隶属于龙湾区建设局，法定代表人：余文龙；企业类型：有限责任公司；经营范围：房地产开发（凭资质证经营）。建筑材料销售，城市综合开发资质为三

图 5-45 蓝色的文字

⑩给 sidebar 容器与 content 容器中间添加一个灰色 1 px 的分隔竖线，如图 5-41 所示。也就是在 about. css 中#sidebar 里，添加一行代码:border – right:1 px solid #ccc；并将宽度修改为 266 px，否则 sidebar 容器的宽度就不再是 267 px，如下：

```
#sidebar {
    width:266px;
    height:850px;
    background:#fff;
    float:left;
    border – right:1px solid #ccc;
  }
```

这个"关于我们"的子页面就完成了。其他的子页面做法也是类似的，不再细说。

练 习

利用所学知识，利用 CSS 的 DIV 排版方式，完成"新闻动态""楼盘展示""人才招聘""联系我们"和"留言反馈"等子页面的制作，如图 5-46 所示。

图 5-46　其他页面效果图

任务三　CSS 样式的高级应用

任务概述

　　CSS 滤镜不是浏览器的插件，也不符合 CSS 标准，它实际上是样式表一个新的扩展部分，使用这种技术简单的语法就可以把可视化的滤镜和转换效果添加到一个标准的 HTML 元素上，例如图片、文本，以及其他一些对象，为页面添加一些丰富的变化。现在能使用的滤镜有 13 个之多，不过要欣赏到这些滤镜的特效，必须要求用户的浏览器必须在 IE 4.0/NC 6.0 之上，因为只有这些版本的浏览器才能支持样式表滤镜效果。因为滤镜只是属于 IE 浏览器开发下的功能，不支持 IE 内核的浏览器也就都不支持这些滤镜。例如火狐谷歌 chrome 等浏览器不支持一些 CSS 滤镜。

通过本任务的学习,要求能利用 CSS 滤镜对网页中的对象进行美化,让学生能够:

①掌握 CSS 滤镜中常用滤镜的语法。

②掌握 CSS 样式中滤镜的设计方法。

操作流程

①打开在 E 盘的命名为 web 文件夹,将准备好的素材文件复制到 images 文件夹中。

②新建一个网页,保存名称为 filter. html。在网页中写入标题文字"Alpha 滤镜",并插入名为" building3. jpg"的图片,分别添加阴影滤镜 DropShadow 和 Alpha 滤镜代码,如图5-47 所示。

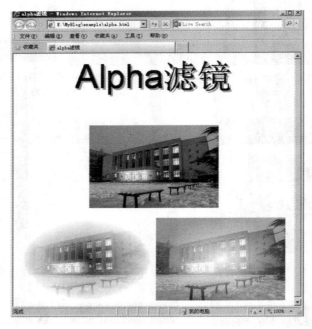

图 5-47   阴影滤镜和 Alpha 滤镜

重点知识

> CSS 提供了一些内置的多媒体滤镜特效,使用这种技术可以把可视化的滤镜和转换效果添加到一个标准的 HTML 元素上,例如图片、文本容器,以及其他一些对象。DreamWeaver 提供了 16 种滤镜可供选择。
>
> CSS 滤镜可分为基本滤镜和高级滤镜两种。可以直接作用于对象上,并且立即生效的滤镜称为基本滤镜,主要包括:Alpha 通道、模糊滤镜、透明色、水平翻转、垂直翻转、底片效果、阴影效果等。
>
> 而高级滤镜则指的是要配合 JavaScript 等脚本语言,能产生更多变幻效果的滤镜。主要包括渐隐变换、灯光等。

（1）阴影滤镜 DropShadow

DropShadow 滤镜用于建立对象的阴影效果，书写格式如下：

DropShadow(color = ?, offx = ?, offy = ?, positive = ?)

其中，color 用于指定阴影的颜色。offx 和 offy 分别用于指定阴影相对于元素在水平和垂直方向的偏移量，偏移量要使用整数进行设置。

positive：是一个布尔值，值为 true(非 0) 时，表示为建立外阴影；为 false(0)，表示为建立内阴影。

应用实例：

```
. dropsh {
        filter: dropshadow( color = FF9933, offx = 4, offy = 4, positive = 2);

        }
```

（2）Alpha 通道

Alpha 滤镜用来设置透明度，书写格式如下：

Alpha(opacity = ?, finishopacity = ?, style = ?, StartX = ?, StartY = ?, FinishX = ?, FinishY = ?)

其中，Opacity 代表透明度级别，范围是 0 ~ 100，0 代表完全透明，100 代表完全不透明。

- FinishOpacity：设置渐变的透明效果时，用来指定结束时的透明度，范围也是 0 到 100。

- style：设置渐变透明的样式，值为 0 代表统一形状、1 代表线形、2 代表放射状、3 代表长方形。

- StartX 和 StartY：代表渐变透明效果的开始 X 和 Y 坐标。

- FinishX 和 FinishY：代表渐变透明效果的结束 X 和 Y 坐标。

应用实例：

```
. alpha1 {
        filter: alpha( opacity = 100, finishopacity = 0, style = 2);

        }
. alpha2 {
        filter: alpha( opacity = 0, finishopacity = 80, style = 2);

        }
```

（3）光晕滤镜 Glow

Glow 用于建立外发光效果，书写格式如下：

Glow(Color = ?, Strength = ?)

其中，Color 主要是指定光晕的颜色，可以使用十六进制表示颜色，如#FFFF00；也可以使用表示颜色的英文单词，如 yellow。Strength 表示光的强度，可以是 1 ~ 255 的任何整数，数字越大，发光的范围就越大，效果如图 5-48 所示。

应用实例：

```
. glow {
        filter: Glow( Color = yellow, Strength = 20);

        }
```

(4)模糊滤镜 Blur

Blur 主要用于建立模糊效果,书写格式如下:

Blur(Add = ?, Direction = ?, Strength = ?)

其中,Add 用于设置对象是否单方向模糊,此参数是一个布尔值,true(非 0)或 false (0);但是一般来说,当滤镜用于图片时取 0,用于文字时取 1。Direction 用于设置模糊的方向,其中 0°代表垂直向上,然后每 45°为一个单位。Strength 代表模糊的像素值,效果如图 5-49 所示。

图 5-48　Glow 滤镜

图 5-49　blur 滤镜

应用实例:

```
. blur {
        filter:Blur( Add = 1, Direction = 90, Strength = 50);
    }
```

③网页中插入一张名为"kechuang. jpg"的图片,并添加 wave 滤镜、Flip 滤镜和 Alpha 滤镜代码,如图 5-50 所示。

图 5-50　3 个滤镜同时使用效果

重点知识

（1）翻转滤镜 FlipH 和 FlipV

FlipH 与 FlipV 用于将元素进行水平和垂直翻转效果，用法非常简单，书写格式如下：

filter:fliph／＊水平翻转＊／

filter:flipv／＊垂直翻转＊／

应用实例：

```
. flip{
        filter: flipv
        }
```

（2）波纹滤镜 Wave

Wave 用于设置对象的波纹效果，书写格式如下：

Wave(Add = ?, Freq = ?, LightStrength = ?, Phase = ?, Strength = ?)

其中，Add 用于表示是否显示原对象，0 表示不显示，非 0 表示要显示原对象。Freq 用于设置波动的个数。LightStrength 用于设置波浪效果的光照强度，从 0～100。0 表示最弱，100 表示最强。Phase 用于设置波浪的起始相角。从 0～100 的百分数值（例如：25 相当于 90°，而 50 相当于 180°）。Strength 用于设置波浪摇摆的幅度。

应用实例：

```
. wave{
        filter:wave( add = 0, freq = 15, lightstrength = 30, phase = 0, strength = 4);
        }
```

（3）透明滤镜 Chroma

Chroma 用于把指定的颜色设置为透明效果，书写格式如下：

Chroma(Color = ?)

其中，Color 是指要设置为透明的颜色。

应用实例：

```
. chroma{
        filter: Chroma( Color = ff0000);
        }
```

（4）灰度滤镜 Gray

Gray 用于去掉图像的色彩，显示为黑白图像，使图像能够给人怀旧、历史悠久的感觉，用法非常简单，书写格式如下：

filter: Gray;

应用实例：

```
. gray{
      filter: Gray;
      }
```

（5）遮罩滤镜 Mask

Mask 用于建立透明遮罩效果，书写格式如下：

Mask(Color = ?)

其中，Color 用于设置底色，让对象遮住底色的部分透明。

应用实例：

. mask｛

   filter：mask(color = #6633FF)；

   ｝

（6）X 射线 Xray

Xray 用于显现图片的轮廓，类似于 X 光片效果，用法非常简单，书写格式如下：

filter：xray；

应用实例：

. xray｛

   filter：xray；

   ｝

知识拓展

浮雕滤镜

（1）凸出浮雕滤镜 Engrave

Engrave 主要是用灰度值为对象内容制作凸出浮雕纹理效果，如图 5-51 所示，书写格式如下：

图 5-51　Engrave 滤镜

progid：DXImageTransform. Microsoft. Engrave(enabled = bEnabled，Bias = ?)；

其中，enabled 是定义滤镜是否被禁止使用，取值范围为布尔值，当取值为 true 的时候滤镜可用；取值为 false 时，禁止使用滤镜。Bias 是定义元素中颜色的组分，使用 -1.0 ~1.0 内的数值定义。

应用实例:

＜head＞

＜title＞Engrave 应用＜/title＞

＜style type ="text/css"＞

. engrave {

PADDING: 6px;

FILTER: progid:DXImageTransform. Microsoft. Engrave();

WIDTH:40%; HEIGHT: 100px;

BACKGROUND – COLOR: #ffd700

}

. img1 { BORDER: #000000 1px solid;height:90px; width:132px; }

＜/style＞

＜/head＞

＜body＞

＜DIV class ="engrave"＞

＜IMG src ="building3. jpg" class ="img1"＞

CSS 滤镜的应用:Engrave ＜/DIV＞

＜/body＞

＜/html＞

(2)凹陷浮雕滤镜 Emboss

Emboss 主要是用灰度值为对象内容制作凹陷浮雕纹理效果,如图 5-52 所示,书写格式如下:

progid: DXImageTransform. Microsoft. Emboss (enabled = bEnabled, Bias = ?);

其中,enabled 是定义滤镜是否被禁止使用,取值范围为布尔值,当取值为 true 的时候滤镜可用;取值为 false 时,禁止使用滤镜。Bias 是定义元素中颜色的组分,使用 – 1.0 ~ 1.0 内的数值定义。

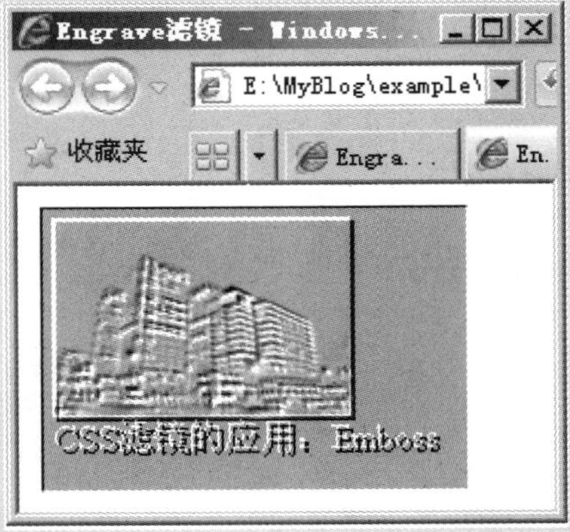

应用实例:

＜head＞

＜title＞ Emboss 应用＜/title＞

＜style type ="text/css"＞

. Emboss { PADDING: 6px;

FILTER: progid:DXImageTransform. Microsoft. Emboss();

LEFT: 9px; WIDTH:40%; HEIGHT: 100px;

BACKGROUND – COLOR: #ffd700;

}

图 5-52　Emboss 浮雕

```
. img2｛BORDER：#000000 1px solid；height:90px；width:132px；｝
</style >
</head >
< body >
< DIV class = "Emboss" >
< IMG src = "building1. jpg" class = "img2" > CSS 滤镜的应用:Emboss
</DIV >
</body >
</html >
```

练 习

在网页中利用所学滤镜,分别制作特效文字效果,如光晕字、阴影字、动感字、浮雕字和波浪字,并应用到文字对象上。

项目六　网站中Flash动画设计与制作

　　尽管使用 Dreamweaver8 内置的 Flash 对象功能非常方便,但是却只能插入从互联网中下载的动画效果。若希望在网页中使用内容更加丰富的动画效果,那就需要大家掌握 Flash 动画的制作方法。

　　Flash 是一个非常优秀的矢量动画制作软件,它以流式控制技术和矢量技术为核心,制作的动画具有短小精悍的特点,所以被广泛应用于网页动画的设计中,已成为当前网页动画设计最为流行的软件之一。因此在本项目中要求学生能自行设计并制作简单的 Flash 动画。

【知识目标】

1.掌握 Flash 软件的界面及操作。

2.理解动画相关的概念与术语。

3.掌握 Flash 的 4 种基本动画类型,了解其动画实现的原理。

4.掌握 Flash 4 种基本动画类型的综合应用。

【能力目标】

1.具备 Flash 动画欣赏与鉴别的能力。

2.具备 Flash 作品策划的能力。

3.具备 Flash 作品创作的能力。

【预备知识】

一、Flash 介绍

Flash 又被称为闪客,是由 Macromedia 公司推出的交互式矢量图和 Web 动画的标准,后由 Adobe 公司收购。网页设计者使用 Flash 创作出既漂亮又可改变尺寸的导航界面以及其他奇特的效果。Flash 的前身是 Future Wave 公司的 Future Splash,是世界上第一个商用的二维矢量动画软件,用于设计和编辑 Flash 文档。1996 年 11 月,美国 Macromedia 公司收购了 Future Wave,并将其改名为 Flash,后又被 Adobe 公司收购。Flash 通常指 Macromedia Flash Player(现为 Adobe Flash Player)。2012 年 8 月 15 日,Flash 退出 Android 平台,正式告别移动端。

二、Flash 操作环境

Flash 的操作界面如图 6-1 所示。

图 6-1　Flash 8 窗口示默认意图

三、Flash 中的基本概念

1. 矢量图

矢量图是使用直线和曲线来描述图形,这些图形的元素是点、线、矩形、多边形、圆和弧线等,它们都是通过数学公式计算获得的。与分辨率无关,修改不会改变图形的品质。

2. 位图

位图是由排列成网格被称为"像素"的点组成。图像是由风格中每个像素的位置和颜色值决定的。它与分辨率有关,当放大图像或输出到比图像低的设备上时会降低图像品质。

3. 动画

一段动画是由一幅幅静态、连续的图片组成,每一幅静态的图片称之为"帧"。多幅静态图片连续播放就构成了一段动画。动画一般分为:逐帧动画、补间动画、路径动画、遮罩动画和 Action 动画。

4. 帧

帧就是动画中最小单位的单幅影像画面,相当于计算机胶片上的每一格镜头。在动画软件的时间轴上,帧表现为一格或一个标记。帧一般分为 4 种:关键帧、空白关键帧、普通帧和过滤帧。

● 关键帧:相当于动画中的原画,是指角色或物体运动或变化中的关键动作所处的那一帧(其快捷键:F6)。

● 空白关键帧:没有任何对象的关键帧(其快捷键:F7)。

● 普通帧:普通帧是关键帧的延续,即主要作用是延长关键帧的播放时间(其快捷键:F5)。

● 过滤帧:两个关键帧之间创建补间动画后产生的帧。过滤帧是由 Flash 自动创建完成的。

5. 图层

图层相当于一个透明的容器,用于放置对象或元素。多个对象或元素通过图层来决定对象的前后关系。简单地说就是谁遮挡谁。

● 标准层:即系统默认的普通层。

● 引导层:该层上的所有内容只用于在制作动画时作为参考线,不出现在最后作品中。未建立链接关系的引导层的层名旁边有一个蓝色的图标。

● 遮罩(蔽)层:用户在遮蔽层中绘制图形、文字等对象,则这些对象具有透明效果,通过它们可以将已遮蔽层的内容显示出来,而把其他部分遮住。

6. 帧频

帧频指单位时间内播放的帧数,即播放的速度。

7. 场景

场景是用于绘制、编辑和测试动画的地方,一个场景就是一段相对独立的动画。一个Flash 动画可以由一个场景组成,也可以由几个场景组成。若一个动画有多个场景,动画会按场景的顺序播放;若要改变动画的播放顺序可在场景中使用交互功能。

8. 元件

元件是可反复取出使用的图形、按钮或一段小动画,元件中的小动画可独立于主动画进行播放。它是由多个独立的元素合并而成的,因此缩小了文件的存储空间。

● 影片剪辑元件:是一段 Flash 动画,它是主动画的一个组成部分,它可独立于主动画进行播放。因此当播放主动画时,影片元件也在循环播放。

● 按钮元件:按钮元件用于创建动画的交互控制按钮,以响应鼠标事件(如单击、滑过等)。按钮有 4 个不同的状态,可以分别在按钮的不同状态上创建内容,可以是静止图形,也可以是动画或影片,还可以给按钮添加事件的交互动作,使按钮具有交互功能。

● 图形元件：该元件是可反复使用的图形，图形元件可以是只含一帧的静止图片，也可以制作成由多个帧组成的动画。图形元件是制作动画的基本元素之一，但它不能添加交互行为和声音控制。

9. 库

库是存放元件的容器。Flash 提供了"库面板"专门对元件进行管理，所以库通常又被称为元件库。可通过"窗口"菜单中的"库"项打开与关闭库面板。

四、认识工具箱

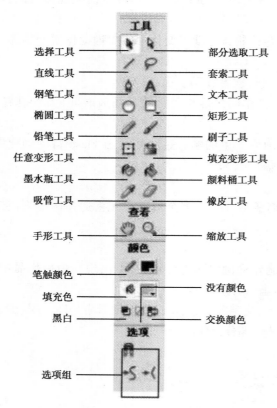

图 6-2　Flash 8 **工具箱**

Flash 工具箱由 4 大部分组成，分别为工具组、查看组、颜色组与选项组，如图 6-2 所示。

1. 工具组

● 选择工具 ：用于选取场景中的对象，并且可以对绘制的图形修改形状。

● 部分选取工具 ：用于选取锚点与贝赛尔曲线，改变图形形状。

● 直线工具 ：用于绘制直线、斜线。

● 套索工具 ：可以通过绘制任意曲线所形成的选区来选取对象中的图形，还有一种多边形模式可供选择，这种模式以直线绘制选区。

● 钢笔工具 ：利用锚点绘制图形，也可以对绘制好的图形进行修改。

● 文本工具 A：在 Flash 中输入文字。

● 椭圆工具 ：用于绘制圆形与椭圆形。

● 矩形工具 ：用于绘制矩形与圆角矩形。单击该图标不放，弹出另一个多角星形工具 ，可以绘制任意边数的等边多边形与星形。

● 铅笔工具 ：用于绘制任意曲线，有 3 种模式可供选择，分别为伸直、平滑与墨水。

● 刷子工具 ：为绘制的图形上色，具有填充色属性，可以设置笔刷样式与大小。

● 任意变形工具 ：用于调整所选图形的尺寸、角度与形状。

● 填充变形工具 ：主要用于调整渐变填充色，还可以用于调整填充位图。

● 墨水瓶工具 ：为所选图形加边框线，也可用来改变边框线颜色。

● 颜料桶工具 ：给所选图形填充颜色，也可用来改变图形填充。

● 吸管工具 ：吸取场景中的任意颜色以便填充。

- 橡皮工具 ：用于擦除对象。

2. 查看组

- 手形工具 ：用于移动工作区调整可视区域。
- 缩放工具 ：用于调整视图比例。

3. 颜色组

- 笔触颜色 ：用于指定各种线的颜色。
- 填充色 ：用于指定各种填充的颜色。
- 黑白 ：用于设置笔触颜色为黑色,填充色为白色。
- 没有颜色 ：用于设置笔触颜色或填充色为无。
- 交换颜色 ：用于交换笔触颜色与填充色。

4. 选项组

选择不同的工具就会在选项组中显示相应工具的附加选项。

任务一　设计逐帧动画

任务概述

逐帧动画是一种常见的动画形式,利用逐帧动画可以做出任意的动画效果,这个动画的优点是:它与电影播放模式相似,很适合表现细腻的动画或画面变化较大的复杂动画,如3D效果、人物或动物急剧转身等效果。本任务的要求是实现校训"修身　强体　博学　感恩"4个词语的文字颜色从黑色到红色的跑马灯动画效果,如图6-3所示。通过本任务的学习,让学生能够掌握如下知识:

①掌握工具箱中各种工具的使用方法。

②掌握逐帧动画的工作原理及创建方法。

③掌握 Flash 动画的保存方法。

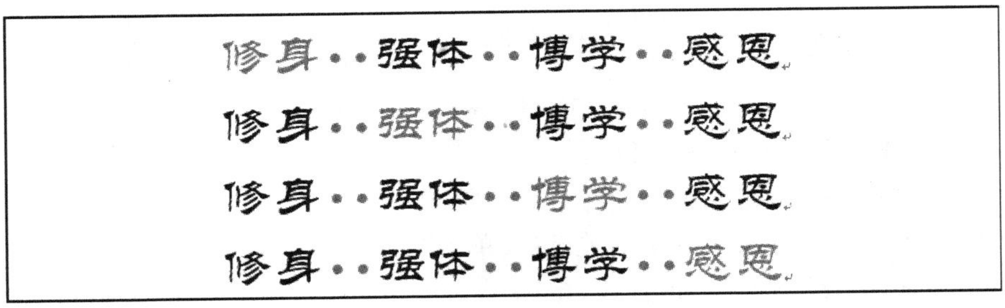

图 6-3　文字动画关键帧示意图

操作流程

①新建一个 Flash 文档,单击"属性面板"中的"500 px×400 px"按钮(或按"Ctrl + J"快捷键,或选择"修改"→"文档"命令)。如图6-4所示的对话框设置相应的值。

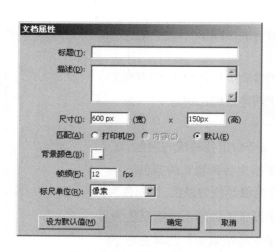

图 6-4　"文档属性"对话框

②单击"工具箱"中的"文本工具" $\mathbf{A}$,在舞台上输入"修身　强体　博学　感恩",按如图6-5所示设置。

图 6-5　"属性"面板——文本相关属性与值

③分别在第 10 帧、第 20 帧、第 30 帧、第 40 帧和第 50 帧上插入"关键帧"或按"F6"快捷键,如图6-6 所示。

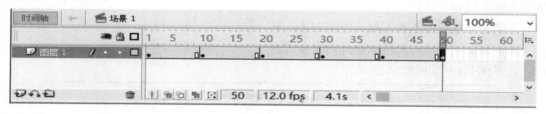

图 6-6　"时间线"插入"关键帧"

④将第 1 帧中的"修身"改为红色,第 10 帧中的"强体"改为红色,第 20 帧中的"博学"改为红色,第 30 帧中的"感恩"改为红色。

以第 1 帧为例:单击时间线的第 1 关键帧,单击"A"工具,拖选"修身";单击"属性面板"中的"文字(填充)工具",选择红色,如图 6-7 所示。

⑤保存文档,按快捷键"Ctrl + Enter"发布为 SWF 影片文件。

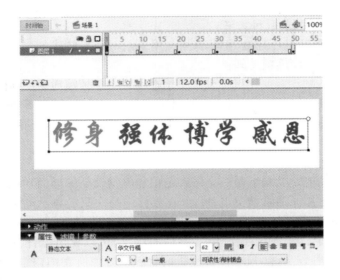

图 6-7　"修身"改红色后的示意图

重点知识

逐帧动画(Frame By Frame),这是一种常见的动画手法,它的原理是在"连续的关键帧"中分解动画动作,也就是每一帧中的内容不同,通过连续播放而成动画。

由于逐帧动画的帧序列内容不一样,不仅增加制作负担而且最终输出的文件量也很大,但它的优势也很明显:因为它与电影播放模式相似,很适合于演示很细腻的动画,如 3D 效果、人物或动物急剧转身等效果。

(1)逐帧动画的概念和在时间帧上的表现形式

在时间帧上逐帧绘制帧内容称为逐帧动画,由于是一帧一帧地画,所以逐帧动画具有非常大的灵活性,几乎可以表现任何想表现的内容。

逐帧动画在时间帧上表现为连续出现的关键帧,如图 6-8、图 6-9 所示。

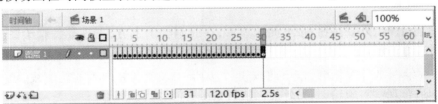

图 6-8　逐帧动画时间帧的表现形式一

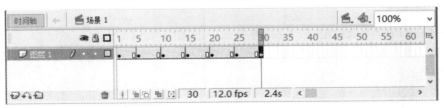

图 6-9　逐帧动画时间帧的表现形式二

（2）创建逐帧动画的几种方法

①用导入的静态图片建立逐帧动画。用 jpg,png 等格式的静态图片连续导入 Flash 中,就会建立一段逐帧动画。

②绘制矢量逐帧动画。用鼠标或压感笔在场景中一帧帧地画出帧内容。

③文字逐帧动画。用文字作帧中的元件,实现文字跳跃、旋转等特效。

④导入序列图像可以导入 GIF 序列图像、SWF 动画文件或者利用第 3 方软件(如 swish,swift 3D 等)产生的动画序列。

（3）绘图纸功能

①绘画纸的功能。绘画纸是一个帮助定位和编辑动画的辅助功能,这个功能对制作逐帧动画特别有用。通常情况下,Flash 在舞台中一次只能显示动画序列的单个帧。使用绘画纸功能后,就可以在舞台中一次查看两个或多个帧了。

如图 6-10 所示,这是使用绘画纸功能后的场景,可以看出,当前帧中内容用全彩色显示,其他帧内容以半透明显示,它使我们看起来好像所有帧内容是画在一张半透明的绘图纸上,这些内容相互层叠在一起。当然,这时你只能编辑当前帧的内容。

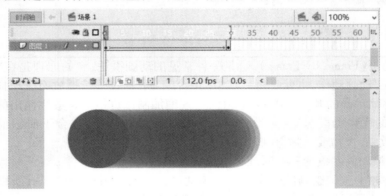

图 6-10　绘图纸功能效果

②绘图纸各个按钮的介绍。

● 绘图纸外观按钮:按下此按钮后,在时间帧的上方,出现 绘图纸外观标记。拉动外观标记的两端,可以扩大或缩小显示范围。

● 绘图纸外观轮廓:按下此按钮后,场景中显示各帧内容的轮廓线,填充色消失,特别适合观察对象轮廓,另外可以节省系统资源,加快显示过程。

● 绘图纸显示多帧按钮:按下后可以显示全部帧内容,并且可以进行"多帧同时编辑"。

● 修改绘图纸标记:按下后,弹出菜单,菜单中有以下选项。

"总是显示标记"选项会在时间轴标题中显示绘图纸外观标记,无论绘图纸外观是否打开。

"锚定绘图纸外观标记"选项会将绘图纸外观标记锁定在时间轴标题中的当前位置。通常情况下,绘图纸外观范围是和当前帧的指针以及绘图纸外观标记相关的。通过锚定绘图纸外观标记,可以防止它们随当前帧的指针移动。

"绘图纸 2"选项会在当前帧的两边显示两个帧。
"绘图纸 5"选项会在当前帧的两边显示 5 个帧。
"绘制全部"选项会在当前帧的两边显示全部帧。

练 习

制作一个 Flash 逐帧动画,实现"修身、强体、博学、感恩"4 个词汇逐个显示,最终全部显示出来(字体、大小、颜色自定义)。

任务二　设计补间动画

任务概述

补间动画一直是 FLASH 里常用的效果,其中"补间"是 Flash 中的一个术语,是指在两个关键帧之间建立渐变的一种动画。本任务的要求是将"修身　强体　博学　感恩"由小变大进入场景,停留一段时间后,再放大且变扁,淡出场景。通过本任务的学习,让学生能够掌握如下知识:

①了解补间动画的分类。
②掌握不同补间动画的工作原理及制作方法。

操作流程

①新建一个 Flash 文档,将舞台尺寸设置为 600 px 宽,150 px 高。
②使用"A"工具,输入"修身　强体　博学　感恩",并设置文本字体、大小和颜色,如图 6-11 所示。

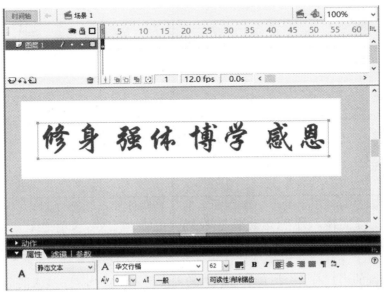

图 6-11　文本设置示意图

③将文本转换成图形元件。选择文本按 F8 或右键单击文本选择"转换为元件…"命令。在打开的对话框中输入元件名称,选择图形单选按钮,单击中心的注册点,如图 6-12 所示。

图 6-12　文本转换为元件参数设置示意图

④在第 15 帧上插入关键帧。

⑤选择第 1 帧上的文本,使用"⬚"(任意变形工具),按住"Shift"键不松开,再使用鼠标拖拽文本的右下角点,向左上方向,如图 6-13 所示。

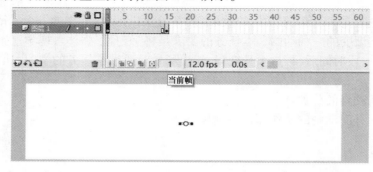

图 6-13　第 1 帧文本缩小后的示意图

⑥右键单击第 1 关键帧,单击"创建补间动画"项(或单击第 1 关键帧,单击"属性"面板中的"补间"下拉框,选择"动画"项)。补间动画创建完成,时间线如图 6-14 所示。

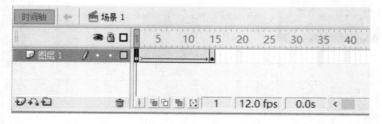

图 6-14　补间动画创建完成后的示意图

重点知识

> 补间动画是对某层上的单一事例而言的。当物体要产生渐变运动,则 Flash 自动将物体组成一个整体。另外,运动渐变只对单一的物体有效。如果想让一幅动画中的多个物体同时动起来,则需要将这些物体分别放在不同的层上制作出各自的补间即可。
>
> 补间动画的形式有:移动、旋转、缩放、扭曲变形、颜色的渐变、淡入淡出等。

⑦此时文本放大动画制作完成,可按快捷键"Ctrl + Enter"预览动画效果,如图 6-15 所示为绘图纸效果。

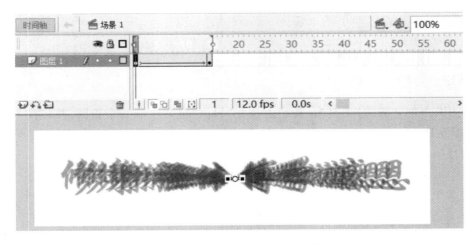

图 6-15　文本放大过程绘图纸示意图

⑧在第 25 帧上插入关键帧(第 15 帧~第 25 帧为停留,无任何动画效果)。

⑨在第 40 帧上插入关键帧,并作如下处理:

a. 使用"　　",拖拽文本左中点或右中点,使文本变扁。

b. 再使用"　　",按住"Shitft"键并拖拽文本的右下点,使文本变到足够大。

c. 单击"属性"面板中的"颜色"下拉列表框,选择"Alpha",再将右边的"100%"改为"0%",使其完全透明(淡出)。

⑩右键单击第 25 帧,"创建补间动画"项。

⑪保存文档,发布 SWF。

练　习

将任务二中停留一段时间改为闪烁三次再停留一段时间,其他不变。

任务三　设计引导、遮罩动画

任务概述

引导层动画和遮罩动画都是 Flash 中重要的动画类型。在实际应用中有很多效果丰富的动画都是通过这两种动画类型来完成的。在本任务中要求首先在 Flash 软件中设计一个滑落小球的动画效果,再设计一个多彩文字动画效果。通过本任务的学习,让学生能够掌握如下知识:

①掌握引导动画概念及创建方法。

②掌握遮罩动画的概念及创建方法。

操作流程

(1)(引导动画)实现滑落的小球效果

①新建一个 Flash 文档。

②使用“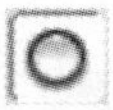”(椭圆)工具,在舞台上按住“Shift”键并绘制一个正圆,并转换为“图形”元件,如图 6-16 所示。

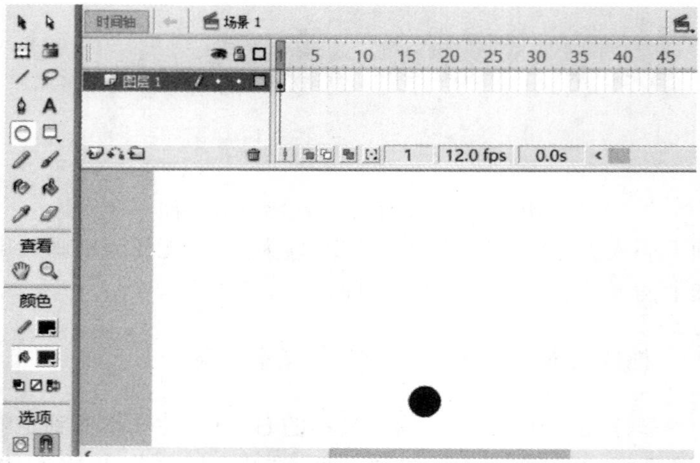

图 6-16　绘制“小球”示意图

③单击层下的“”按钮添加运动层。添加后的“层”如图 6-17 所示。

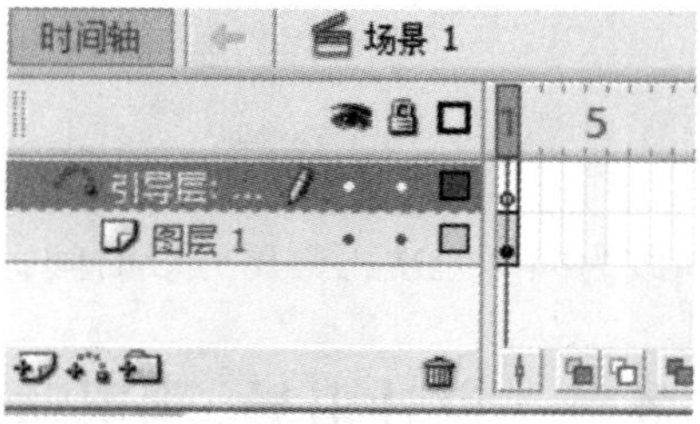

图 6-17　添加引导层示意图

重点知识

引导动画又常称为路径动画,是为了使对象能沿着指定的路径运动(通常路径不是一条单一的直线)。 引导动画需要引导层实现,而引导层上绘制的是被引导层中物体运动的路径。简单地说就是引导层上绘制路径,被引导层上放置运动的物体。

④单击“引导层”上的第 1 空白关键帧,并使用“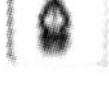”(钢笔)或铅笔工具绘制一条曲线,如图 6-18 所示。

⑤选择“图层 1”上的球,将中心点拖拽到曲线的左端(有吸附效果)。同时选择引导层和图层 1 的第 20 帧,并插入关键帧,如图 6-19 所示。

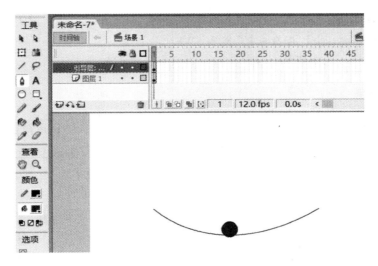

图 6-18　绘制曲线示意图

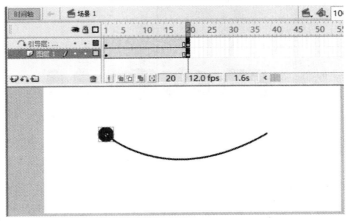

图 6-19　第⑤步操作后的示意图

⑥选择图层 1 中的球,并拖拽球中的中心点至曲线的右侧,如图 6-20 所示。

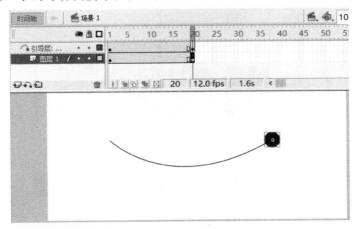

图 6-20　第⑥步操作后的示意图

⑦右键单击"图层1"中的关键帧,创建补间动画。

⑧动画创建完成,测试,保存文档,发布 SWF。

(2)(遮罩动画)多彩文字动画效果操作流程

重点知识

> 遮罩是 Flash 动画中的又一特技显示效果,它是通过遮罩层显示被遮罩层中的对象,即将遮罩层中的对象镂空,通过镂空部分显示被遮罩层中的对象。

①新建一个 Flash 文档。

②单击"层"面板底部的""按钮,新建"图层2"。

③在"图层2"中的第1空白关键帧上,使用"A"工具,插入"重庆科创",并设置较粗的字体与合适的大小,颜色任意,如图6-21所示。

图 6-21　新建"图层2"与插入文本示意图

④在"图层1"中的第1空白关键帧上,使用"□▾"工具,将边框色设为"🖌▢▾",填充色设为"🖌▢▾"。绘制一个矩形,矩形的大小必须保证能覆盖文本的大小,如图6-22所示。

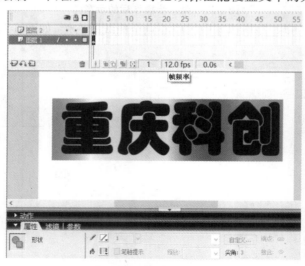

图 6-22　"图层1"绘制多彩矩形示意图

⑤复制"图层 1"中的多彩矩形,连接到文本下的矩形后面,并将两上矩形转换成"图形"元件,如图 6-23 所示。

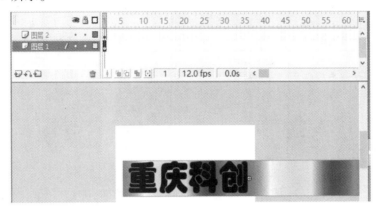

图 6-23　多彩矩形连接与转换成元件后的示意图

⑥选择"图层 1"和"图层 2"中的第 30 帧,并按"F6"键插入关键帧。

⑦选择"图层 1"中第 30 关键帧中的多彩矩形向左移动。使复制的第 2 个矩形与移动前的第 1 个矩形重合。右键单击"图层 1"中的第 1 关键帧"创建补间动画",如图6-24 所示。

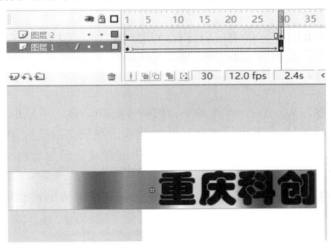

图 6-24　插入关键帧并创建补间动画示意图

⑧右键单击"图层 2",在弹出的快捷菜单中选择"遮罩层",如图 6-25 所示。

⑨保存 Flash 文档,测试后发布为 SWF 文档。

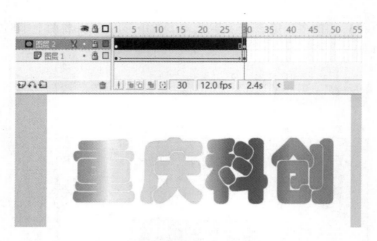

图 6-25 设置"遮罩层"后的示意图

图 6-26 地球自转

练 习

1. 利用世界地图,实现地球自转的效果,如图6-26 所示。

2. 制作地球自转,月亮绕地球转动的 Flash 动画。

任务四 常用 ACTION 应用——鼠标跟随

任务概述

ActionScript 简称为 AS,是 Flash 产品平台的脚本解释语言。正是由于 Flash 中增加、完善了 ActionScript,才能创作出有很强的交互性的动画。在简单的动画中,Flash 按顺序播放动画中的场景和帧,而在交互动画中,用户可以使用键盘或鼠标与动画交互,大大增强了用户的参与,同时也增强了 Flash 动画的魅力。

本任务是使用 AS 代码制作鼠标跟随效果,让火苗跟着鼠标的移动呈现出美丽的图形,完成后的效果如图 6-27 所示。通过本任务的学习,学生能够:

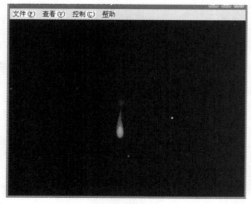

图 6-27 完成后的效果

①了解 ActionScript 的基本概念和脚本的语法规则。

②掌握鼠标事件管理动作与鼠标事件。

操作流程

（1）新建一个 Flash 文档

将舞台尺寸设置为 600 px 宽，600 px 高，背景颜色设置为黑色，如图 6-28 所示。

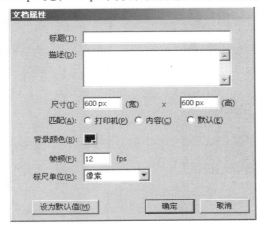

图 6-28　文档属性设置对话框

（2）绘制"火苗"

①选择"插入"→"新建元件"命令（快捷键"Ctrl + F8"），新建一个图形元件，命名为"火苗"，如图 6-29 所示。

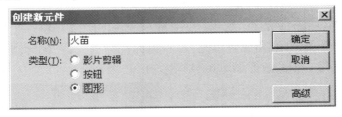

图 6-29　新建图形元件"火苗"

②在新元件编辑场景中，选择第 1 个图层的第 1 帧，单击工具箱中的"（椭圆工具）"，在"属性"面板上设置线条颜色为绿色，如图 6-30 所示。

图 6-30　椭圆图形

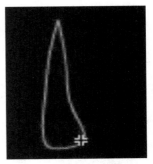

图 6-31　调整后　椭圆的形状

③选择工具箱中的"▶（选择工具）"，调整成如图 6-31 所示形状。

④选择"混色器"类型，选择"放射状"，按如图 6-32 所示选择颜色，注意最右边色标透明度为零。

新建一图层，并将它拉到第一个图层的下面：用"◐（椭圆工具）"画一个圆，无边框，填充色为淡红色，左色标透明度为 20%，右色标透明度为 0%。画好后用填充变形工具调整，按如图 6-33 所示放好。

图 6-32　调配填充颜色　　　　　　　　图 6-33　绘制的火焰图形

注意：火苗填充后，用填充变形工具，将填充中心点调到火苗下部。

（3）绘制"烟"

①选择"插入"→"新建元件"命令（快捷键"Ctrl + F8"），新建一个影片剪辑，命名为"烟"。逐帧插入 7 个关键帧，用放射填充，左右色标都为白色，左色标透明度为 20%，右色标透明度度为 0%，每一帧的图形如图 6-34 所示。

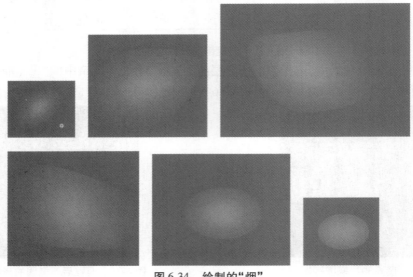

图 6-34　绘制的"烟"

②打开 （洋葱皮工具），让 7 帧都能看见，调整 7 帧图形位置，如图 6-35 所示的形状。

③再建一影片剪辑元件，命名为"闪动的火苗"。将"火苗"→元件拖入，在第 2 帧处插入关键帧。在第 2 帧，选中"火苗"元件，选择"修改"→"变形"→"水平翻转"命令。

④插入新图层，画一无笔触，黄色放射填充，左色标透明度 80%，右色标透明度 50% 的椭圆，放于火苗的下部，并在第 2 帧处插入帧，如图 6-36 所示。

图 6-35　调整后"烟"的形状　　　　　　　　　　**图 6-36　"火焰"焰心图形**

⑤插入新图层，将"烟"元件拖入，放到火苗的上方，第 2 帧插入帧。

（4）进行 Action 脚本设计

①单击场景 1 标签，如图 6-37 所示，回到场景中。

图 6-37　场景切换按钮

②在场景中选择第 1 帧，选择"窗口"→"库"命令，把"库面板"中的"闪动的火苗"元件拖入场景中，随便放个地方。打开属性面板，为元件取名为：hm_mc，在第 3 帧插入帧。

③插入新图层，命名为 action，在第 1 帧，打开动作面板，输入如下代码：

```
var i = 1;
hm_mc. _visible = false;
```

在第 2 帧处插入关键帧，输入如下代码：

```
if ( i < 7) {
hm_mc. duplicateMovieClip( "hm" + i,i);
fzhm = eval( "hm" + i);
fzhm. _x = _xmouse + random(5);
fzhm. _y = _ymouse - random(5);
fzhm. _. _alpha = random(100);
i + +;
} else {
i = 1;
```

}

在第 3 帧处插入关键帧,输入如下代码:

gotoAndPlay(2);

(5)保存

保存 Flash 文档,测试后发布为 SWF 文档。

重点知识

基本语法规则

(1)点语法

在 ActionScript 中,可以使用点运算符(.)(点语法)访问属于舞台上的对象或实例的属性或方法,也可以使用点运算符来确定实例(如影片剪辑)、变量、函数或对象的目标路径。点语法表达式以对象或影片剪辑的名称开头,后面跟着一个点,最后以要指定的元素结尾。例如,表达式 ballMC.X 是指电影剪辑实例 ballMC 的_X 属性,其中_X 是指出编辑区中电影剪辑的 X 轴位置。

要控制影片剪辑、加载的 SWF 文件或按钮,必须指定目标路径。目标路径是 SWF 文件中影片剪辑实例名称、变量和对象的分层结构地址。为了指定影片剪辑或按钮的目标路径,必须为影片剪辑或按钮分配一个实例名称。可以通过在属性检查器中选择该实例并键入实例名称来命名影片剪辑实例。如果使用 ActionScript 创建实例,则可以使用代码指定实例名称。用户可以使用目标路径为影片剪辑分配一个动作,获取或设置变量或属性的值。

例如,submit 是在电影剪辑 form 中设置的一个变量,而 form 又是嵌套在电影剪辑 shoppingCart 中的电影剪辑。表达式 shoppingCart.form.submit = true 的作用是设置实例 form 的 submit 变量的值为 true。

另外点语法还有几个重要的别名,必须要掌握:

_root 表示绝对路径,它指的是时间主轴(场景中的时间轴是主轴,影片剪辑元件等中的时间轴是子轴)。

例如:_root.play() 表示要时间主轴进行播放。

_parent 表示当前影片剪辑的上一级时间轴(一级子轴的上一级时间轴是主轴,二级子轴的上一级时间轴是一级子轴)。例如,在当前影片剪辑的内部时间轴上写入代码_parent.play(),表示当前影片剪辑内部的时间轴的上一级时间轴进行播放。

this 表示当前时间轴,可以操控当前时间轴上的对象等。

例如:this.play() 表示要当前时间轴进行播放。

(2)斜杠语法

斜杠语法在 Flash 3 和 Flash 4 中表示影片剪辑或变量的目标路径。此语法受 Flash Player 7 和更低版本中的 ActionScript 1.0 支持,但不受 ActionScript 2.0 和 Flash Player 7/Flash Player 8 的支持,不建议使用斜杠语法。在斜杠语法中,斜杠被用来代替点,用以标明电影剪辑或变量的路径。要指出一个变量,可以在变量前加上冒号。

（3）大括号

用"{ }"表示把动作脚本语言组合成块（一个完整的语句）。如下面的脚本所示：

```
on(release){
stop();
}
```

（4）圆括号

在 ActionScript 中定义函数时，将参数放在小括号［( )］标点符号里面。

```
function myFunction(myName,myAge,happy){
……}
```

调用函数时，还要将传递给该函数的所有参数都包含在圆括号中，如：

```
myFunction("Carl",78,true);
```

有时，可使用圆括号覆盖 ActionScript 的优先顺序或增强 ActionScript 语句的可读性；也可以用圆括号来计算点语法左边的表达式。例如，在下面的语句中，圆括号使表达式 new color(this)得到计算，并创建一个新的颜色对象。

```
onClipEvent(enterFrame){
(new Color(this)).setRGB(0×ffffff);
}
```

在上例中，如果不使用圆括号，就需要在代码中增加一个语句来计算它。

```
onClipEvent(enterFrame){
myColor = new Color(this);
myColor.setRGB(0×ffffff);
}
```

（5）分号

ActionScript 语句用分号";"表示 1 行语言代码的结束。可以省略分号字符，ActionScript 编译器会认为每行代码表示单个语句。不过，最好还是使用分号，因为这样可使代码可读性更好。例如，下面的语句用分号结束。

```
onClipEvent (enterFrame){
trace(i);
i++;
}
```

（6）大小写字母

在动作脚本语言中，除了关键字以外是不区分字母的大小写的。对于其余的 ActionScript，大写或小写字母是通用的。例如，下面的语句是等价的：

```
cat.hilite = true;
CAT.hilite = true;
```

但是，遵守一致的大小写约定是一个好的习惯。因为，在阅读 ActionScript 代码时更易于区分函数和变量的名字。如果在书写关键字时没有使用正确的大小写，脚本将会出现错误。例如，下面的两个语句：

```
setProperty( ball, _xscale, scale) ;
setproperty( ball, _xscale, scale) ;
```

说明:前一个语句是正确的;后一个语句中的 property 中的 p 应是大写而没有大写,所以是错误的。在动作面板中启用彩色语法功能时,用正确的大小写书写的关键字用蓝色区别显示,因而很容易发现关键字的拼写错误。

(7)注释

需要记住一个动作的作用时,可在动作面板中使用 comment(注释)语句给帧或按钮动作添加注释。注释中的内容不影响程序的运行,目的是更好地理解和备忘自己的程序。如果你在协作环境中工作或给别人提供范例,添加注释有助于别人对你编写的脚本的正确理解。

在动作面板中选择 comment 动作时,字符"//"被插入脚本中。如果在你创建脚本时加上注释,即使是较复杂的脚本也易于理解,例如:

```
on( release) {
//建立新的日期对象
myDate = new Date( ) ;
currentMonth = myDate. getMonth( ) ;
//把用数字表示的月份转换为用文字表示的月份
monthName = calcMoth( currentMonth) ;
year = myDate. getFullYear( ) ;
currentDate = myDate. getDat( ) ;
}
```

在脚本窗口中,注释内容用粉红色显示。它们的长度不限,也不影响导出文件的大小。

(8)关键字

动作脚本保留一些单词用于该语言中的特定用途,因此不能将它们用作标识符,如变量、函数或标签名称。下表列出了所有动作脚本关键字:

```
break      case      class     continue
default    delete    dynamic   else
extends for function get if implements import in
instanceof interface intrinsic new
private public return set
static switch this typeof
var void while with
```

注意:这些关键字都是小写形式,不能写成大写形式。

(9)常数

常数指值始终不变的属性。常数用大写字母列于动作工具箱中。

例如,常数 BACKSPACE, ENTER, QUOTE, RETURN, SPACE 和 TAB 是 KEY 类的属性,指代键盘的按键。若要测试用户是否按下了"Enter"键,可以使用下面的语句:

```
if( Key. getCode( ) = = Key. ENTER) {
alert = "Are you ready to play?";
controlMC. gotoAndStop(5);
}
```

ActionScript 中的术语

ActionScript 根据特定的语法规则使用特定的术语。以下按字母顺序介绍重要的 ActionScript 术语。

Actions(动作):是指导 Flash 电影在播放时执行某些操作的语句。例如,gotoAnd-Stop 动作就可以将播放头转换到指定的帧或帧标记。Action(动作)也可以被称作 statement(语句)。

Arguments(参数):是允许将值传递给函数的占位符。例如,以下语句中的函数 welcome 就使用了两个参数 firstName 和 hobby 来接收值。

```
function welcome(firstName, hobby) {
welcomeText = "Hello," + firstName + "I see you enjoy" + hobby;
}
```

Classed(类):是各种数据类型。用户可以创建"类"并定义对象的新类型。要定义对象的类,用户需创建构造器函数。

Constants(常量):是不会改变的元素。常量对于值的比较非常有用。

Constructors(构造器):是用来定义"类"的属性和方法的函数。以下代码通过创建 Circle 构造器函数生成了一个新的 Circle 类。

```
function Circle(x, y, radius) {
this. x = x;
this. y = y;
this. radius = radius;
}
```

鼠标事件管理动作与鼠标事件

Flash 动作脚本语言中的 On Mouse Event 动作用于检测鼠标事件和键盘按键事件。当指定的鼠标或键盘按键事件发生时,执行该动作内的语句。该动作的语法格式如下:

```
on (MouseEvent) {
        语句
}
```

其中,MouseEvent 是指鼠标事件或按键事件,Flash 定义了以下常用 MouseEvent:

press:鼠标指针在按钮上时按下鼠标按键。

release:鼠标指针在按钮上时释放鼠标按键。

rollover:鼠标指针移进按钮区域。

rollout:鼠标指针移出按钮区域。

dragover：鼠标指针在按钮上时按下鼠标按键，然后拖出按钮外，接着又拖回按钮上。

dragout：鼠标指针在按钮上时按下鼠标按键，然后拖出按钮外。

keypress：按下指定的键盘键。

项目七　企业网站留言簿

通过本项目的学习能掌握运用 DreamWeaver 设计制作留言簿,并能够利用 DreamWeaver 软件设计制作留言界面以及使用 DreamWeaver 自带功能完成留言信息的添加和管理,以及能使用 Access 对数据库进行设计和操作,在 IIS 中配置站点及对文件夹进行权限管理。

【知识目标】

1. 了解 DreamWeaver 软件的使用。
2. 了解并掌握利用 DreamWeaver 设计留言界面。
3. 了解并掌握添加客户留言和显示留言信息。
4. 了解并掌握如何管理留言信息。
5. 掌握对数据库的设计和操作。
6. 能配置站点及进行文件权限管理。

【能力目标】

1. 具备使用 DreamWeaver 设计留言界面的能力。
2. 具备使用 DreamWeaver 快速制作留言功能的能力。
3. 具备使用 DreamWeaver 自带功能完成对留言功能进行管理的能力。
4. 掌握数据库设计和操作。
5. 具备配置网站站点及进行文件权限管理的能力。
6. 具备在不编写 ASP 代码的情况下开发一个简易留言簿的能力。

【预备知识】

对 DreamWeaver 软件、界面设计的要求、数据库设计和操作有一些初步的认识了解。

一、有关数据库的概念

● 数据库(DataBase):描述事物的数据本身及相关事物之间的联系。

● 数据库应用系统(DataBase System,DBS):是一个计算机应用系统。是系统开发人员利用数据库系统资源开发出来的,面向某一类实际应用的应用软件系统。

● 数据库管理系统(DateBase Management System):是指负责数据库定义、描述、建立、维护、管理的系统软件。它是数据库系统的核心,其功能的强弱是衡量数据库系统性能优劣的主要指标。

● 数据库系统:由硬件系统、数据库集合、数据库管理系统及相关软件、数据库管理员和用户 5 部分组成。数据库系统层次示意图如图 7-1 所示:

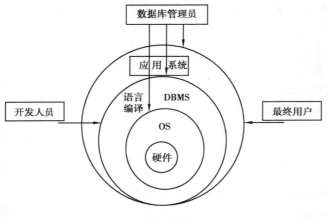

图 7-1　数据库系统

二、数据模型

1. 实体

实体是现实世界中客观存在的任何相互区别的事物。实体可以是具体的人或物,也可以是抽象概念。

实体具有许多特性,实体所具有的特性称为属性(Attribute)。一个实体可用若干属性来刻画。每个属性都有特定的取值范围即值域(Domain),值域的类型可以是整数型、实数型、字符型等。

2. 实体之间的联系

建立实体模型的一个主要任务就是要确定实体之间的联系。常见的实体联系有 3 种:一对一联系、一对多联系和多对多联系,如图 7-2 所示。

● 一对一联系(1:1):若两个不同型实体集中,任一方的一个实体只与另一方的一个实体相对应,称这种联系为一对一联系。如班长与班级的联系,一个班级只有一个班长,一个班长对应一个班级。

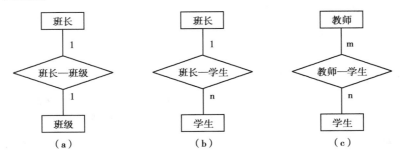

图7-2 实体间的关系

● 一对多联系(1:n):若两个不同型实体集中,一方的一个实体对应另一方若干个实体,而另一方的一个实体只对应本方一个实体,称这种联系为一对多联系。如班长与学生的联系,一个班长对应多个学生,而本班每个学生只对应一个班长。

● 多对多联系(m:n):若两个不同型实体集中,两实体集中任一实体均与另一实体集中若干个实体对应,称这种联系为多对多联系。如教师与学生的联系,一位教师为多个学生授课,每个学生也有多位任课教师。

3. 数据模型

数据模型是指数据库中数据与数据之间的关系。任何一个数据库管理系统都是基于某种数据模型的。数据库管理系统常用的数据模型有下列三种:层次模型、网状模型、关系模型。

(1)层次数据模型

用树形结构表示数据及其联系的数据模型称为层次模型。层次模型的基本特点:

①有且仅有一个根结点;

②其他结点有且只有一个父结点。

支持层次数据模型的DBMS称为层次数据库管理系统,在这种系统中建立的数据库是层次数据库。层次模型可以直接方便地表示一对一联系和一对多联系,但不能用它直接表示多对多联系。

(2)网状数据模型

用网络结构表示数据及其联系的数据模型称为网状模型。

网状模型的基本特点:

①一个以上结点无父结点;

②至少有一结点有多于一个的父结点。

网状模型和层次模型在本质上是一样的,支持网状模型的DBMS称为网状数据库管理系统,在这种系统中建立的数据库是网状数据库。网络结构可以直接表示多对多联系,这也是网状模型的主要优点。

(3)关系模型

由行与列构成的二维表,在数据库理论中称为关系,用关系表示的数据模型称为关系模型。通过建立关系间的关联,也可以表示多对多的联系。其中 Visual FoxPro 是一种典型的关系型数据库管理系统。

三、Access 用户界面

1. Access 的现状

Access 是 Office 办公套件中一个极为重要的组成部分。刚开始时微软公司是将 Access 单独作为一个产品进行销售的,后来微软发现如果将 Access 捆绑在 Office 中一起发售,将带来更加可观的利润,于是第一次将 Access 捆绑到 Office 97 中,成为 Office 套件中的一个重要成员。

现在它已经成为 Office 办公套件中不可缺少的部件了。自从 1992 年开始销售以来,Access已经卖出了超过6 000万份,现在它已经成为世界上最流行的桌面数据库管理系统。

后来微软公司通过大量改进,将 Access 的新版本功能变得更加强大,不管是处理公司的客户订单数据,管理自己的个人通讯录,还是大量科研数据的记录和处理,人们都可以利用它来解决大量数据的管理工作。

2. Access 数据库特点

①存储文件单一;
②支持长文件名称自动更正;
③兼容多种数据库格式;
④具有 Web 网页发布功能;
⑤可应用于客户机—服务器;
⑥操作更方便。

3. Access 数据库格式

Access 数据库文件的扩展名分别为:mdb,mde,adp,ade。其中:

● mdb:Access 数据库文件。

● mde:为保护 mdb 文件中的 VBA 程序代码而由 mdb 文件转换得到的。

● adp:Access 项目文件。

● ade:为保护 adp 文件中的 VBA 程序代码而由 adp 文件转换得到的。

4. Access 窗口组成

通常 Access 的窗口接口可以分成 5 个部分,如图 7-3 所示。

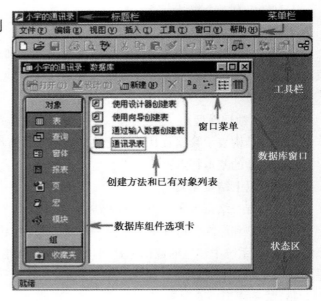

图 7-3　Access 窗口

5. Access 数据库相关知识

(1) 字段的数据类型

表 7-1　数据类型

数据类型	使用对象
文本	文本或文本与数字的组合,例如地址;也可以是不需要计算的数字,例如电话号码、邮编
备注	保存长度较长的文本及数字,例如说明
数字	可用来进行算术计算的数字数据,设置"字段大小"属性定义一个特定的数字类型
日期/时间	日期及时间
货币	货币值,精确度为小数点左方 15 位数及右方 4 位数
自动编号	在添加记录时自动插入的唯一顺序
是/否	只包含两种值中的一种,例如 Yes/No、True/False、On/Off
OLE 对象	可以将对象(例如 Word 文档、电子表格、图像、声音)链接或嵌入表中
超级链接	保存超级链接的字段

(2) 数据表

什么是表？表就是数据库中用来存放数据的场所。就像有很多人在操场上站队,这个队伍非常整齐,有一定数目的行和列,队列中的每个人,都在一定的行列位置上。当我们想叫某个人的时候,不用知道他的名字,只需要喊"第几行第几列的,出列",这个人就会站出队伍。现在将这个队伍中的人换成数据,就构成了数据库中的"表"。

这些"表"都有一些共同的特性,一是表中可以存储数据,二是这些数据在表中都有很规则的行列位置。

Access 中的"表"和平常见的很多纸上的表格很像,其实各种数据在计算机中是按照串的方式存放的。只是现在 Access 将这些数据读取出来以后,按照通常所接触的纸上表格那种行列方式将它们显示在屏幕上。这比较适合我们的生活习惯,对数据进行操作也比较容易,所以把它称为"表",它可是数据库中最基本、最重要的一个部分。所以要想建立一个数据库,必须先要掌握建立表的方法,如图 7-4 所示。

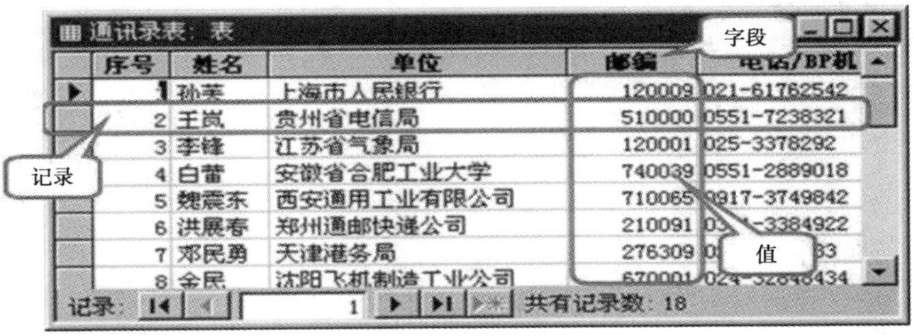

图 7-4　数据表

(3) 字段

在数据库中,对表的行和列都有特殊的叫法,每一列叫作一个"字段"。每个字段包含某一专题的信息。就像"通讯录"数据库中,"姓名""联系电话"这些都是表中所有行共有的属性,所以把这些列称为"姓名"字段和"联系电话"字段。

(4)记录

我们把表中的每一行叫作一个"记录"。每一个记录包含这行中的所有信息,就像在通讯录数据库中某个人全部的信息,但记录在数据库中并没有专门的记录名,常用它所在的行数表示这是第几个记录。

(5)值

在数据库中存放在表行列交叉处的数据叫作"值",它是数据库中最基本的存储单元,它的位置要由这个表中的记录和字段来定义。

(6)主键

在数据库中,常常不只是一个表,这些表之间也不是相互独立的,不同的表之间需要建立一种关系,才能将它们的数据相互沟通。而在这个沟通过程中,就需要表中有一个字段作为标志,不同的记录对应的字段取值不能相同,也不能是空白。

就像我们区别不同的人,每个人都有名字,但它却不能作为主键,因为人名很容易出现重复,而身份证号是每个人都不同的,所以可以根据它来区别不同的人。

数据库的表中作为主键的字段就要像人的身份证号一样,必须是每个记录的值都不同,这样才能根据主键的值来确定不同的记录。

四、创建数据表(表)

建立一个表是很容易的。而且在 Access 中更是提供了几种方法来建立一个表,如:表向导、查询向导、窗体向导、报表向导和页向导等。这些向导能在不同的工作中帮我们的忙。

1. 使用数据库向导创建表

这是最简单的方法,用户所做的工作就是选择。

它的缺点是,如果用户想要的数据库不是系统提供的 10 种之一,这种方法就无法满足用户的需求。

2. 使用表向导创建

使用表向导创建数据表如图 7-5 所示。

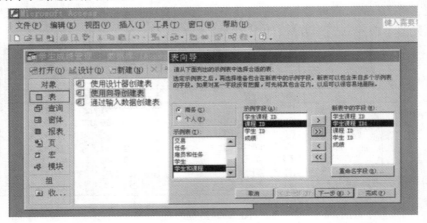

图 7-5　表向导

3. 使用设计器创建表

这是最灵活和最有效的方法,也是开发过程中最常用的方法。

4. 通过输入数据创建表

五、表的关系

1. 创建表间关系

用户可以用多种方式来定义表之间的关系。

在用户首次使用表向导创建表时,向导会给用户提供创建表之间关系的机会;另外用户也可以在设计视图中创建和修改表之间的关系,如图7-6所示。

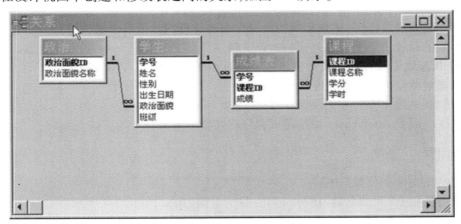

图7-6　表间关系

创建表间关系时,在下列情况下,应用参照完整性规则:

①公用字段是主表的主键。

②相关字段具有相同的格式(数据类型)。

③两个表都属于相同的数据库。

参照完整性规则会强迫用户进行下列操作:

①在将记录添加到相关表中之前,主表中必须已经存在了匹配的记录。

②如果匹配的记录存在于相关表中,则不能更改主表中的主键值。

③如果匹配的记录存在于相关表中,则不能删除主表中的记录。

2. 删除表关系

在"关系"窗口内选中要删除关系的连线,如"课程信息表"和"成绩表"的连线,此时的关系连线会变粗。

再按"Delete"键,将会弹出询问用户是否要将此关系从数据库中永久删除的提示框。

3. 查看关系

有两种方法:一是单击工具栏中的"关系"按钮,表示要查看数据库中定义的表间关系;二是单击工具栏中的"清除版式"按钮,可从"关系"窗口中删除所有的表。

此操作并不是真正删除表或关系,只是将此表或关系从"关系"窗口中删除。如果用户需要对其进行恢复,则可以单击工具栏中的"显示表"按钮,在弹出的"显示表"对话框中双击该表,然后单击"关闭"按钮,将"显示表"对话框关闭即可。

六、如何打开一个表

通过以上学习,我们已经会建立表了。表虽然是建立好了,但一个空白的表没有任何用处,现在在建立好的表中输入数据,往表中添加数据之前要先打开它,前面已经学过如何打开一个数据库,首先启动 Access,选择"打开已有文件",双击"通讯录表"打开它即可。

任务一　设计客户在线留言

任务概述

能够创建站点文件夹,建立相应的数据库文件夹及网站根目录文件夹,并对创建的文件夹进行权限的设置和管理。在创建的站点文件夹中创建设计 Access 数据库,最后使用 DreamWeaver 快速地设计客户在线留言界面。通过本任务的学习,学生能够:

①掌握对新建文件夹设置文件夹权限。
②了解新建数据库的方法及设计数据库。
③掌握应用 DreamWeaver 快速完成客户在线留言界面设计的方法与技巧。

操作流程

创建站点文件夹及数据库:
①双击桌面上"我的电脑"图标,打开"我的电脑"窗口,如图 7-7 所示。

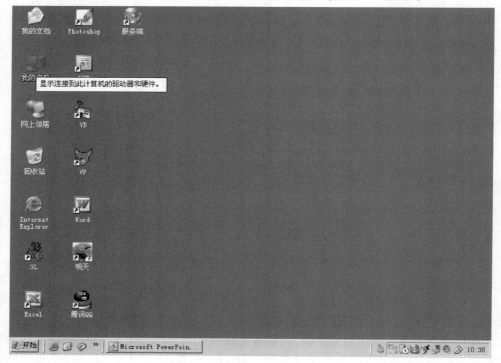

图 7-7　双击桌面上"我的电脑"图标

②双击"E 盘"图标，打开"E 盘"，如图 7-8 所示。

图 7-8　双击 E 盘

③在空白处右单击，在弹出的快捷键菜单中选择"新建"→"文件夹"，创建 wwwroot 文件夹，如图 7-9 所示。

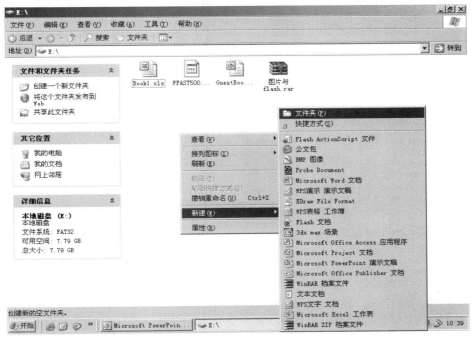

图 7-9　创建 wwwroot 文件夹

④双击 wwwroot 文件夹图标,打开 wwwroot 文件夹,如图 7-10 所示。

图 7-10　打开 wwwroot 文件夹

⑤右键单击空白处,在弹出的快捷菜单中选择"新建"→"Microsoft Office Access 应用程序",建一个 Access 数据库 guest. mdb,如图 7-11 所示。

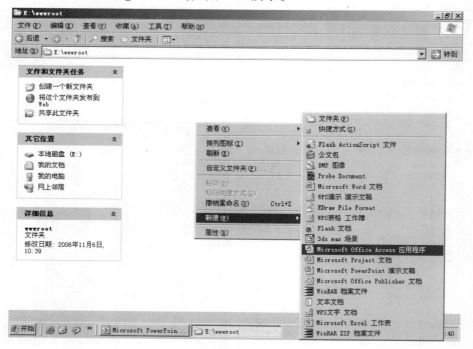

图 7-11　创建 Access 数据库

⑥双击 guest. mdb 文件图标,打开 guest 数据库,如图 7-12 所示。

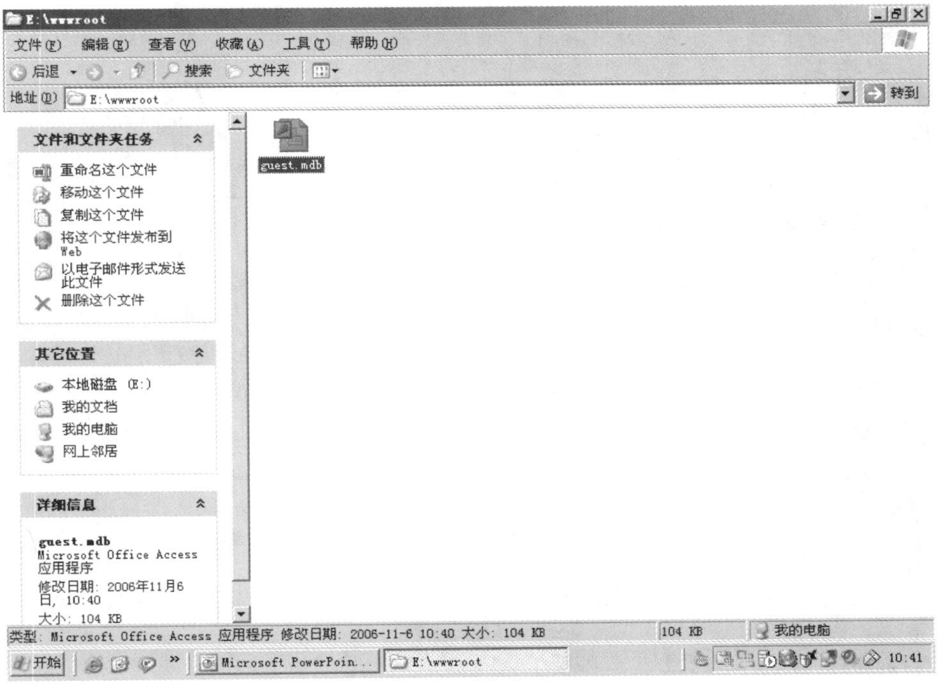

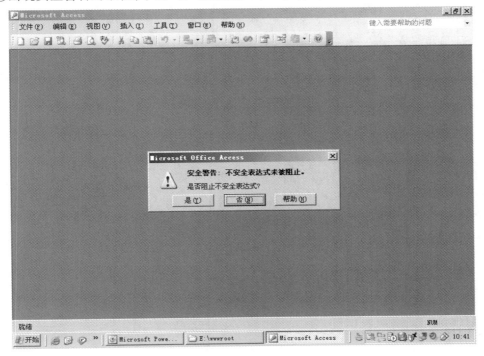

图 7-12　打开 Access 数据库

⑦出现安全警告对话框,单击"否"按钮进入下一步,如图 7-13 所示。

图 7-13　"安全警告"对话框

⑧单击"是"按钮进入下一步,如图7-14所示。

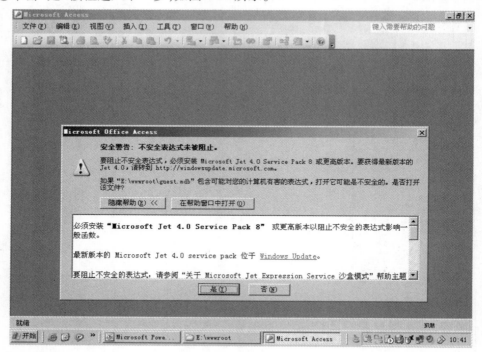

图7-14 "安全警告"对话框

⑨单击"打开"按钮进入下一步,如图7-15所示。

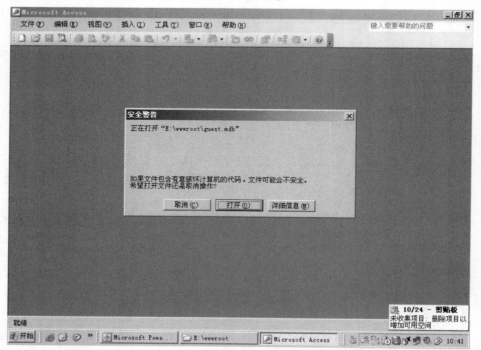

图7-15 "打开"按钮

⑩双击"使用设计器创建表",开始创建表,如图 7-16 所示。

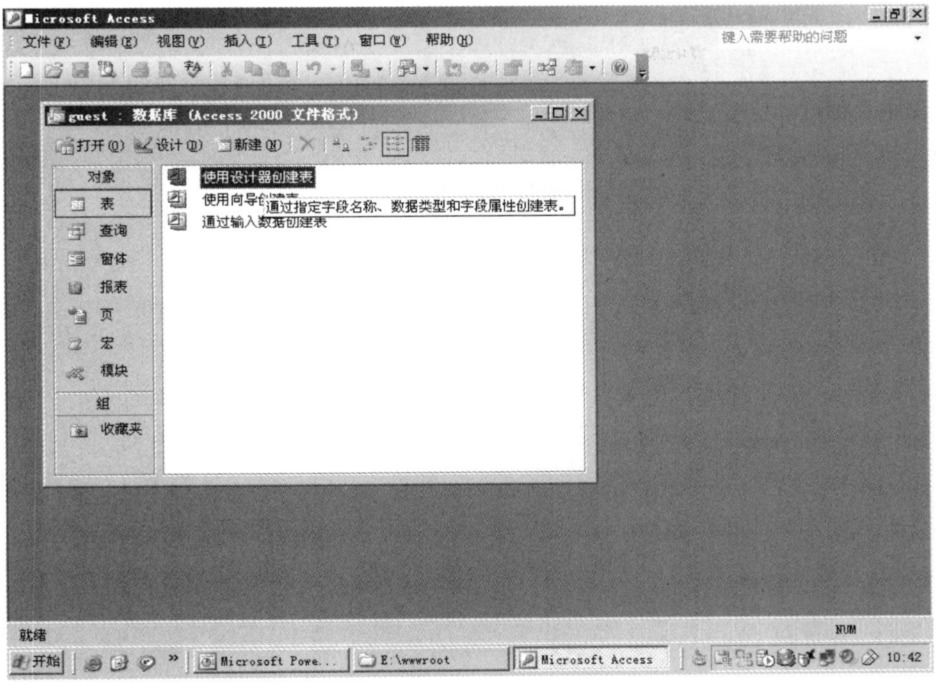

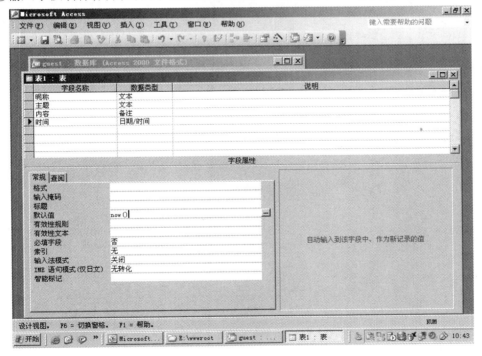

图 7-16　创建"guest 表"

⑪输入字段名称,并为时间字段设置默认值 now( ),如图 7-17 所示。

图 7-17　设置"时间字段"

⑫保存为 guest 表，如图 7-18 所示。

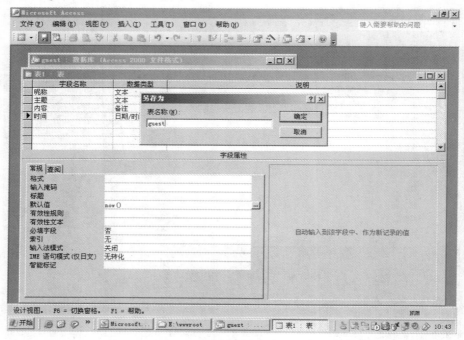

图 7-18 "保存"guest 表

⑬保存时提示是否创建主键，单击"是"创建编号字段为主键，如图 7-19 所示。

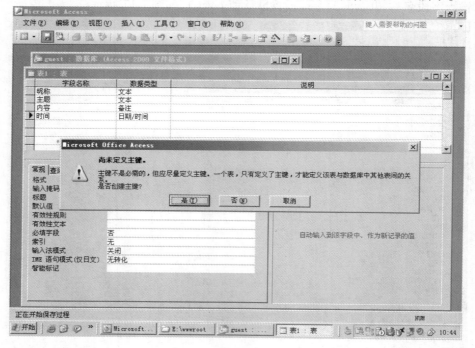

图 7-19 创建"主键"对话框

⑭设置完成后,关闭当前表,如图 7-20 所示。

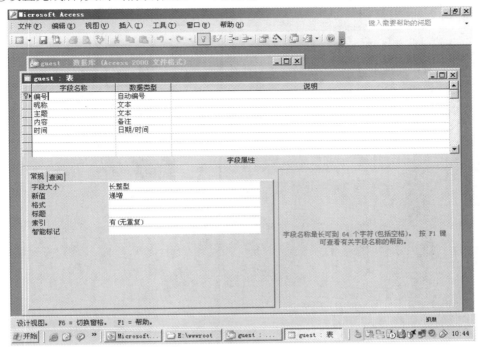

图 7-20　"关闭"guest **表**

⑮双击 guest 表名,打开 guest 表,如图 7-21 所示。

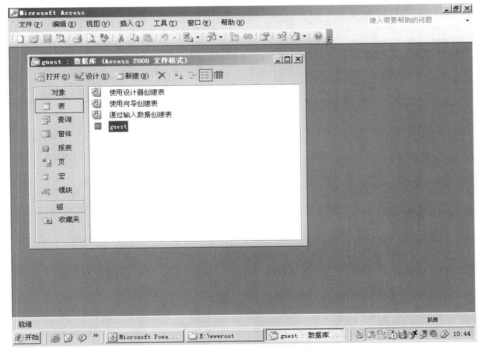

图 7-21　"打开"guest **表**

⑯依次输入 9 条数据并保存，如图 7-22 所示。

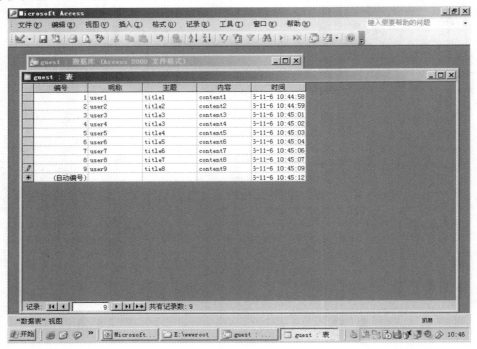

图 7-22 录入数据

⑰再次使用设计器创建用户表，如图 7-23 所示。

图 7-23 创建"用户表"

⑱输入字段 username 和 password，如图 7-24 所示。

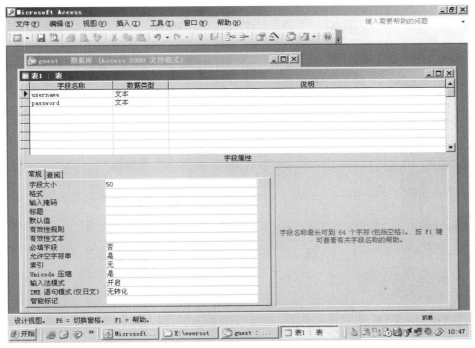

图 7-24　输入字段

⑲在 username 上单击右键，设置 username 为主键，如图 7-25 所示。

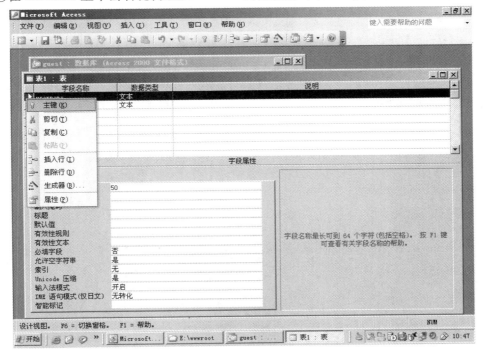

图 7-25　设置"主键"

⑳保存为 user 表，如图 7-26 所示。

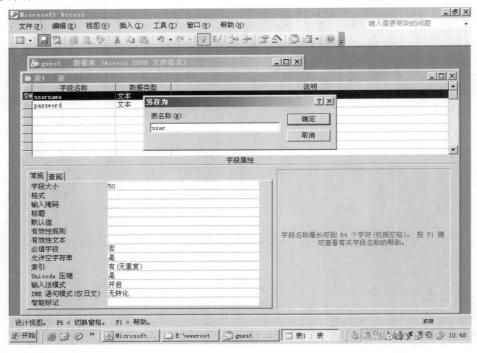

图 7-26　"保存"用户表

㉑双击 user 表名，打开 user 表，如图 7-27 所示。

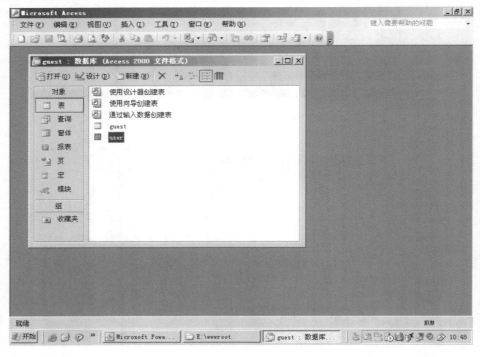

图 7-27　打开"user 表"

㉒录入 1 条数据并保存,最后关闭表和数据库,如图 7-28 所示。

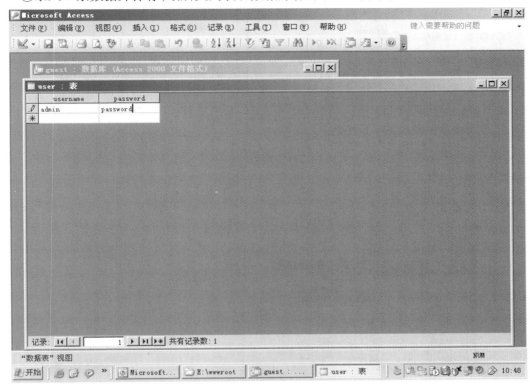

图 7-28　录入数据

到此,我们已经完成了站点文件夹的创建和留言板数据库。

练 习

按照要求设计制作出自己的站点和留言板数据库。

任务二　显示数据表中的记录

知识概述

能够配置 ODBC 数据源,对创建的文件夹进行权限的设置和管理。然后创建设计 Access 数据库到相应目录并创建连接数据库。最后使用 DreamWeaver 快速地设计客户在线留言界面。通过本任务的学习,学生能够:

①掌握对数据源的配置方法。

②掌握 IIS 站点的配置方法。

③掌握利用 DreamWeaver 自带的功能把数据库的数据显示出来的操作方法与技巧。

操作流程

（1）配置 ODBC 数据源

①选择"开始"→"设置"→"控制面板"命令，打开控制面板窗口，如图 7-29 所示。

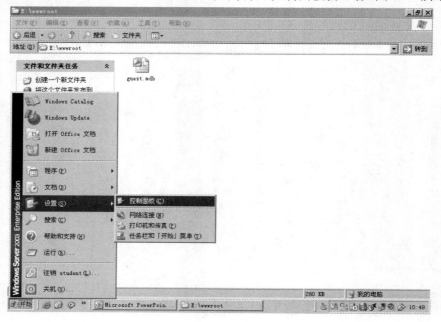

图 7-29　打开"控制面板"窗口

②打开"管理工具"，如图 7-30 所示。

图 7-30　打开"管理工具"

③打开 ODBC 数据源管理器,如图 7-31 所示。

图 7-31　打开"数据源"窗口

④切换到"系统 DSN"选项卡,单击"添加"按钮添加数据源,如图 7-32 所示。

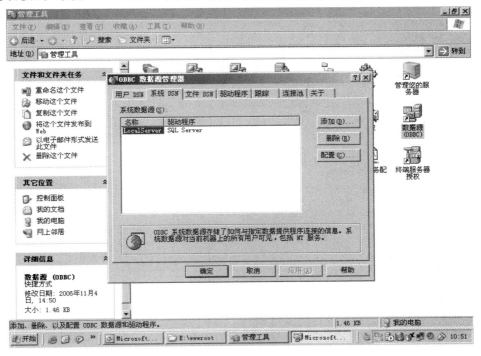

图 7-32　添加数据源

⑤选择驱动程序"Microsoft Access Driver（＊.mdb）"，如图7-33所示。

图7-33　选择"驱动程序"

⑥输入数据源名 guest，单击"选择"按钮定位数据库，如图7-34所示。

图7-34　定位数据库

⑦选择站点下的数据库 guest. mdb,如图 7-35 所示。

图 7-35 选择数据库

⑧完成后单击"确定"按钮退出,如图 7-36 所示。

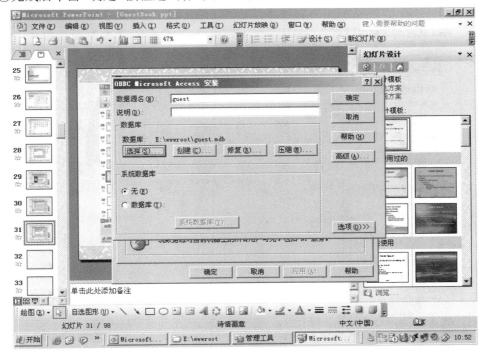

图 7-36 单击"确定"按钮退出

⑨ODBC 数据源 guest 配置完成，如图 7-37 所示。

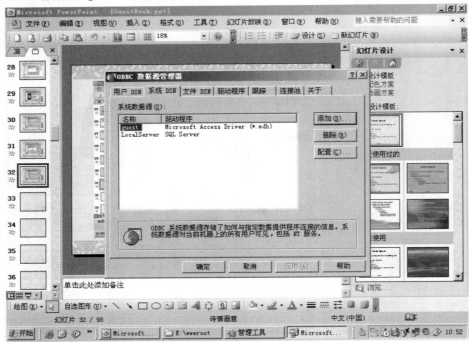

图 7-37　完成数据源配置

（2）配置 IIS 运行环境

①打开 Internet 信息服务（IIS）管理器，如图 7-38 所示。

图 7-38　打开 IIS

②在默认网站上单击右键,在弹出的快捷菜单中选择"属性",打开站点属性窗口,如图
7-39 所示。

图 7-39 打开站点属性窗口

③转到"主目录"选项卡,单击"浏览"按钮定位站点主目录,如图 7-40 所示。

图 7-40 设置"主目录"选项卡

④选择 E：\wwwroot 作为站点主目录，如图 7-41 所示。

图 7-41 选择文件夹作为主目录

⑤单击"配置"按钮，如图 7-42 所示。

图 7-42 单击"配置"

⑥转到"选项"选项卡,选中"启用父路径",如图7-43所示。

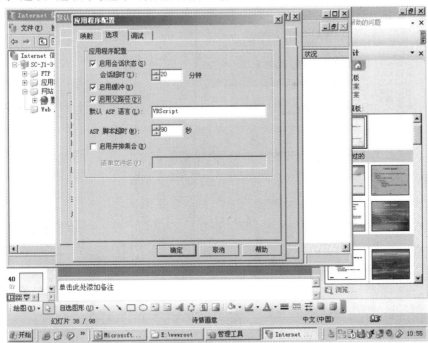

图7-43 选中"启用父路径"

⑦转到"文档"选项卡,单击"添加"按钮,如图7-44所示。

图7-44 设置"文档"选项卡

⑧添加 index. asp 作为默认内容页,如图 7-45 所示。

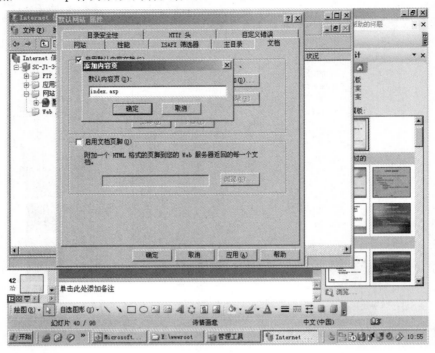

图 7-45 添加"indox. asp"

⑨至此 IIS 运行环境配置完成,如图 7-46 所示。

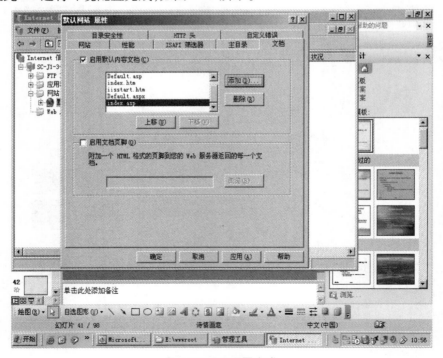

图 7-46 IIS 配置完成

（3）配置站点和测试服务器

①打开 DreamWeaver，如图 7-47 所示。

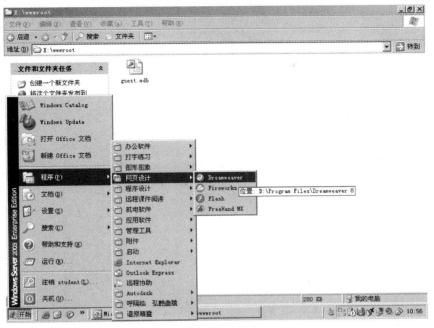

图 7-47　打开"DreamWeaver"

②单击"站点"→"新建站点"，如图 7-48 所示。

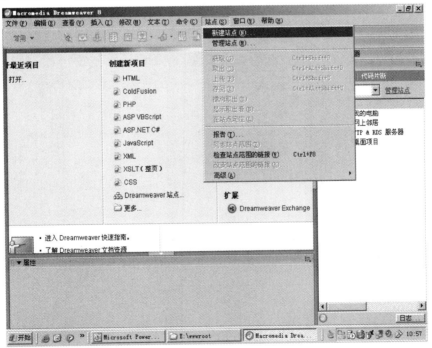

图 7-48　新建站点

③设置站点名称为 guest,再单击本地根文件夹右边的图标,如图 7-49 所示。

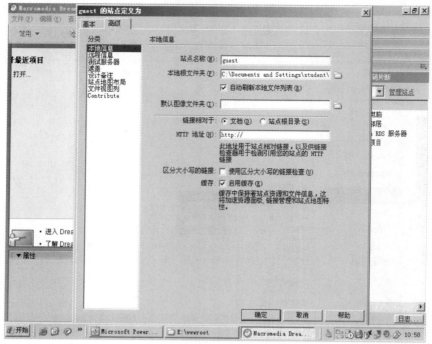

图 7-49　配置站点

④选择 E:\wwwroot 作为本地根文件夹,如图 7-50 所示。

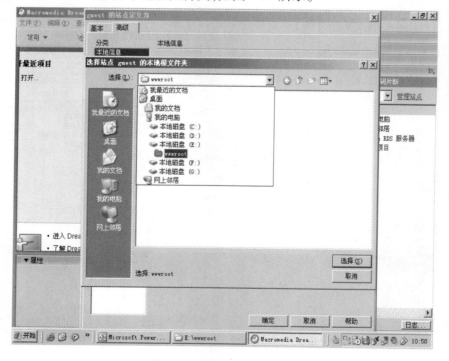

图 7-50　选择本地根文件夹

⑤在左边分类中选择"测试服务器",如图 7-51 所示。

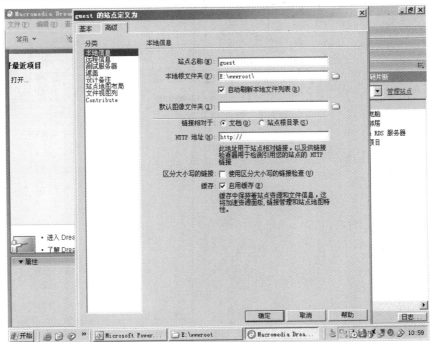

图 7-51 选择"测试服务器"

⑥选择服务器模型"ASP VBScript",如图 7-52 所示。

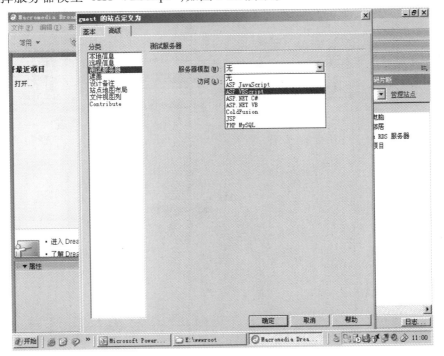

图 7-52 选择服务器类型

⑦选择访问方式"本地/网络",如图 7-53 所示。

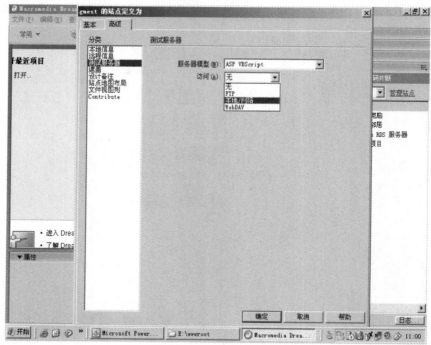

图 7-53　选择访问方式

⑧站点和测试服务器配置完成,如图 7-54 所示。

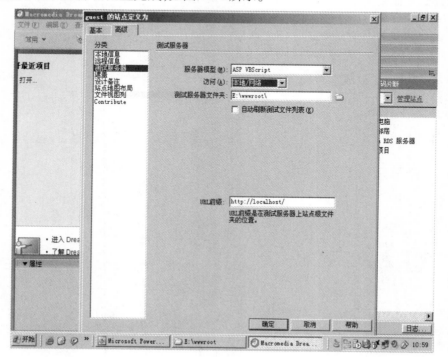

图 7-54　配置完成

（4）设置首选参数

①依次单击"编辑"→"首选参数"，如图 7-55 所示。

图 7-55　设置首选参数

②在"常规"分类的"编辑选项"中取消"使用 CSS 而不是 HTML 标签"，如图 7-56 所示。

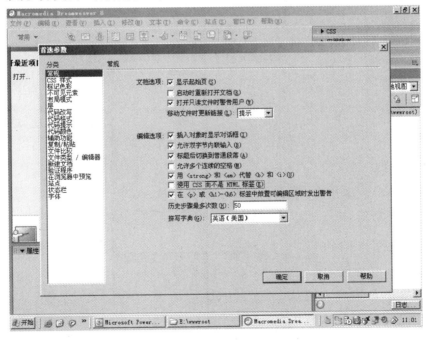

图 7-56　设置"编辑选项"

③在"新建文档"分类中设置默认文档为"ASP VBScript",如图7-57所示。

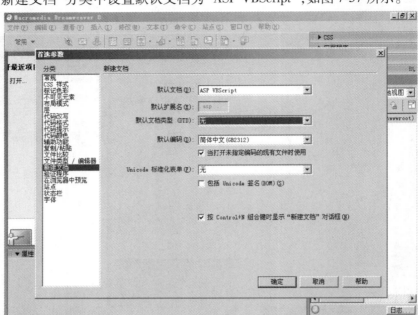

图 7-57　设置默认文档

(5)创建显示留言功能页面

①选择"文件"→"新建",如图7-58所示。

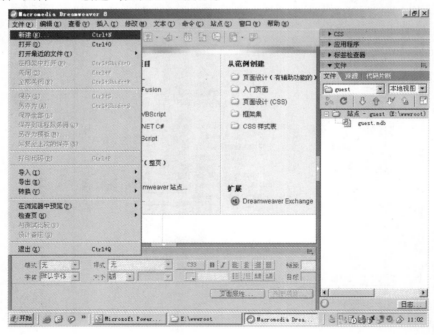

图 7-58　创建"显示留言页"

②选择"动态页"类别中的"ASP VBScript"动态页,如图 7-59 所示。

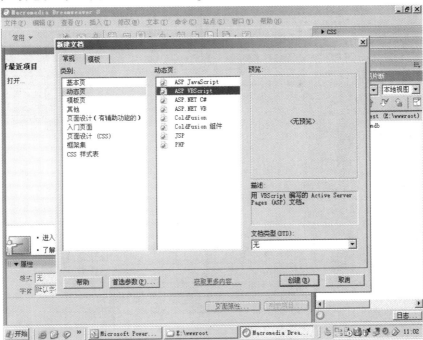

图 7-59 新建动态页

③选择"文件"→"保存",如图 7-60 所示。

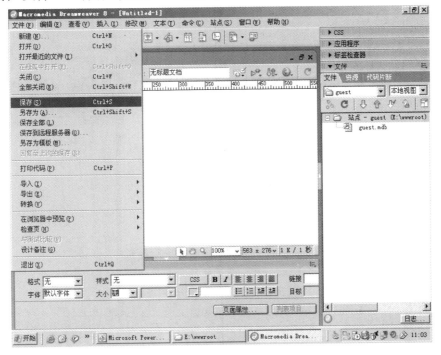

图 7-60 "保存"网页

④将显示留言功能页面保存为 index. asp,如图 7-61 所示。

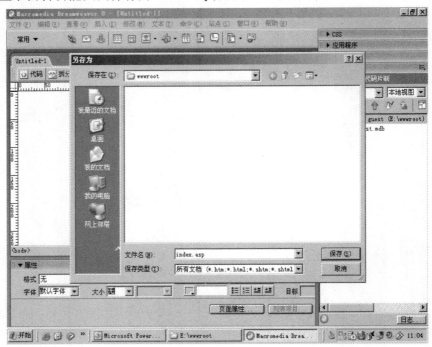

图 7-61　设置保存名

⑤选择"插入"→"表格",如图 7-62 所示。

图 7-62　插入"表格"

⑥设置表格参数,如图7-63所示。

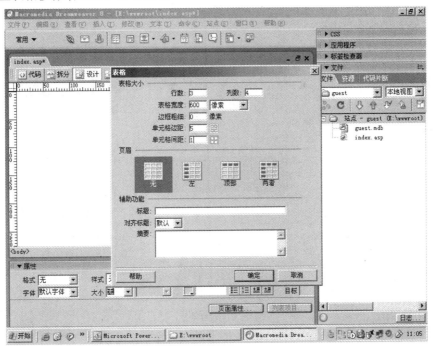

图7-63 设置"表格参数"

⑦录入表格标题,如图7-64所示。

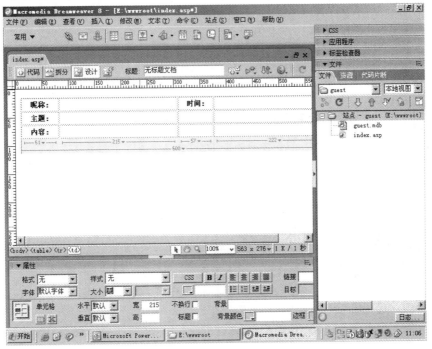

图7-64 录入"标题信息"

⑧打开"应用程序"面板的"数据库"项,单击"＋"创建 DSN 数据源,如图 7-65 所示。

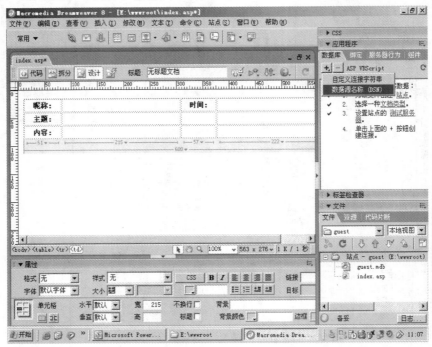

图 7-65　创建"DNS 数据源"

⑨输入连接名称 conn,选择数据源名称 guest,如图 7-66 所示。

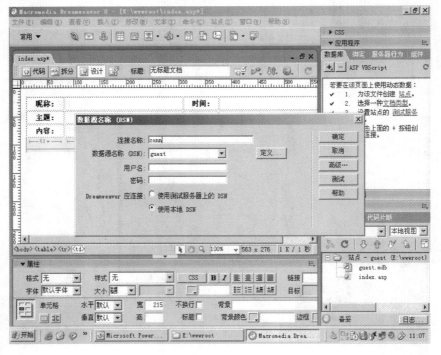

图 7-66　创建"DNS 数据源"

⑩打开"应用程序"面板的"绑定"项,单击"＋"创建记录集,如图7-67所示。

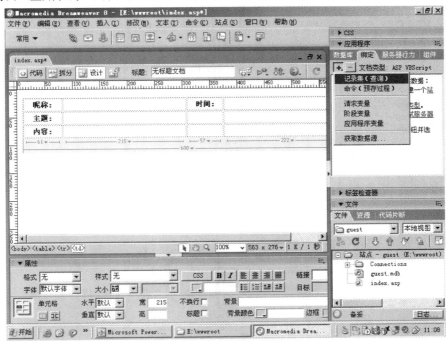

图 7-67　创建"记录集"

⑪输入记录集名称 rs,选择连接 conn、表格 guest,按编号降序排列,如图7-68所示。

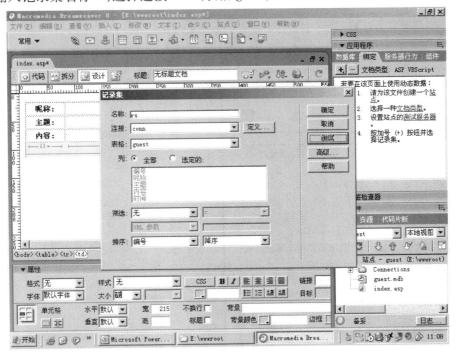

图 7-68　设置"记录集"参数

⑫将绑定的数据项拖到网页相应位置，如图 7-69 所示。

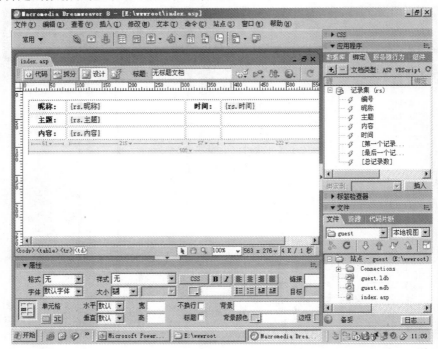

图 7-69　添加"数据项"

⑬合并主题和内容后的单元格，如图 7-70 所示。

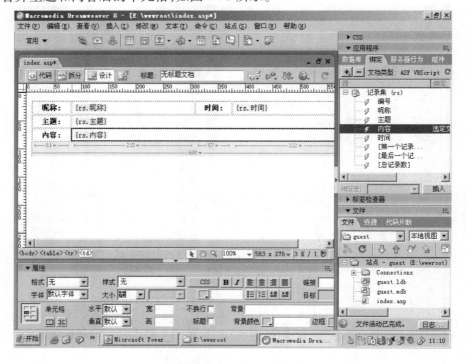

图 7-70　合并单元格

⑭设置整个表格间距为 1，背景色为淡灰色，如图 7-71 所示。

图 7-71　设置表格间距和背景色

⑮再设置表格内所有单元格背景色为白色，得到细线表格，如图 7-72 所示。

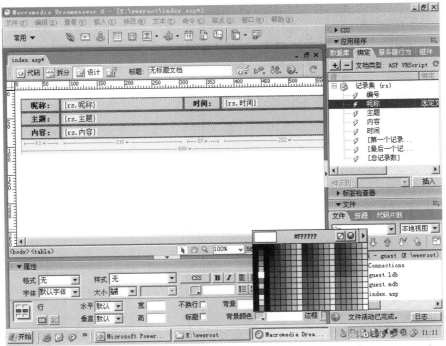

图 7-72　设置单元格背景色

⑯单击预览图标,预览填充动态数据后的效果,如图 7-73 所示。

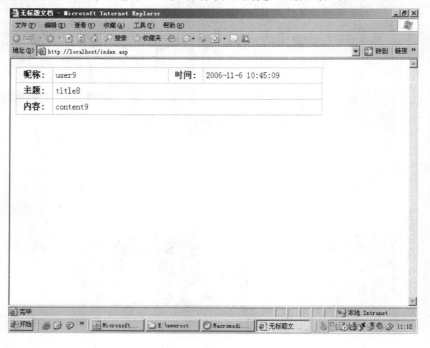

图 7-73　在 IE 中预览

⑰如果预览效果正常,再进行下一步操作,否则请修正错误,如图 7-74 所示。

图 7-74　预览效果

⑱选中整个表格，选择"插入"→"应用程序对象"→"重复的区域"，如图 7-75 所示。

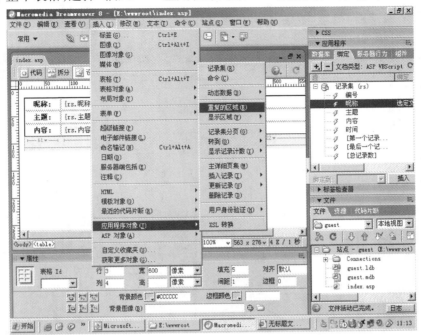

图 7-75　添加"重复区域"

⑲设置每页显示的记录条数，如图 7-76 所示。

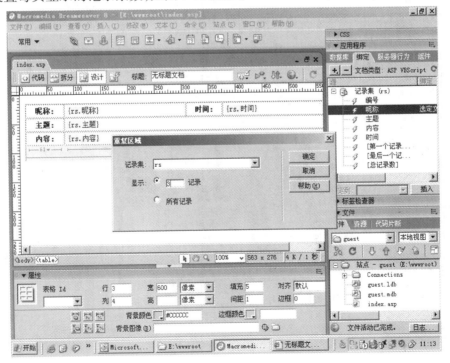

图 7-76　添加"记录数"

⑳选中表格，按右光标键，按"Shift + Enter"快捷键，插入空行隔开表格，如图 7-77 所示。

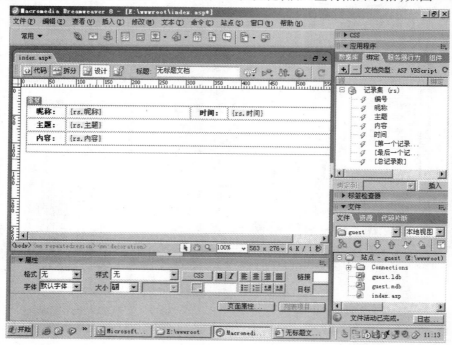

图 7-77 添加"空行"

㉑选择"插入"→"应用程序对象"→"记录集分页"→"记录集导航条"，如图 7-78 所示。

图 7-78 添加"记录集导航条"

㉒选择显示方式,如图 7-79 所示。

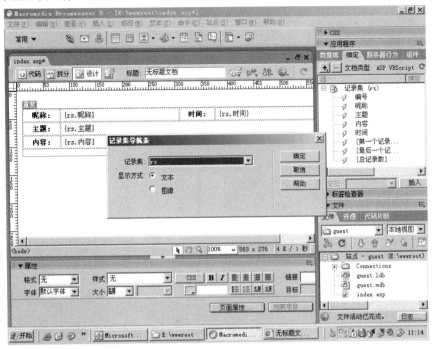

图 7-79 设置"显示方式"

㉓设置完成以后,单击预览图标预览网页效果,如图 7-80 所示。

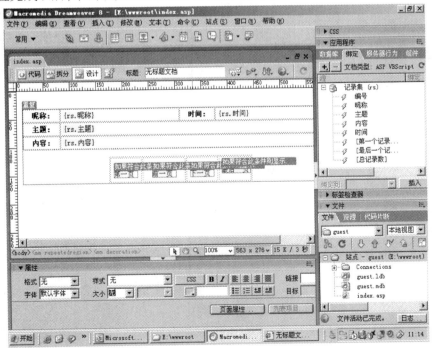

图 7-80 在 IE 中预览

㉔如果预览效果正常,进入下一步,否则修改错误,如图 7-81 所示。

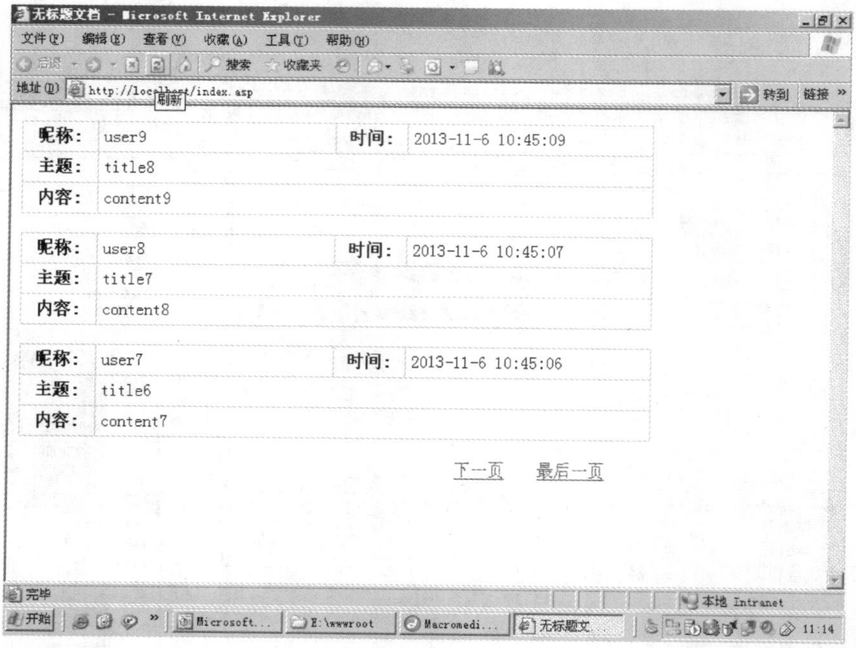

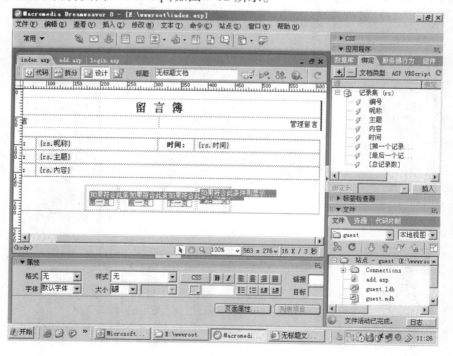

图 7-81　在 IE 中预览的效果

(6)创建管理留言列表页面

①打开显示留言页面 index. asp,如图 7-82 所示。

图 7-82　打开"显示留言页"

②选择"文件"→"另存为"，如图7-83所示。

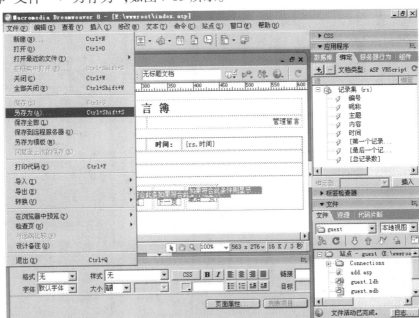

图7-83　选择"另存为"命令

③保存为manage.asp，如图7-84所示。

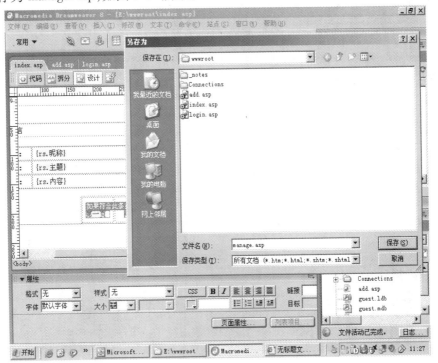

图7-84　保存为"管理页面"

④设置表格的行数为 4 行,如图 7-85 所示。

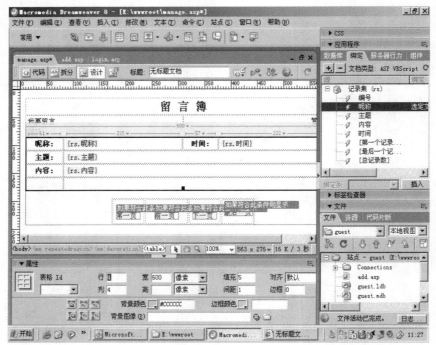

图 7-85　修改"表格行数"

⑤输入标题和用于跳转到删除页面的链接文字,如图 7-86 所示。

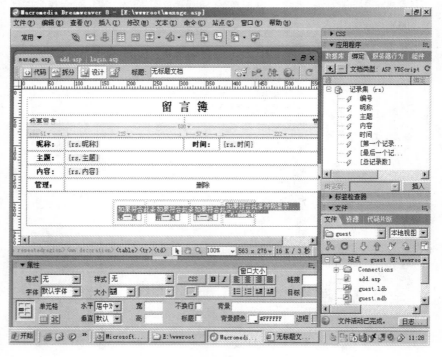

图 7-86　添加"标题与链接文字"

⑥为删除创建超链接,链接地址为 delete. asp,如图 7-87 所示。

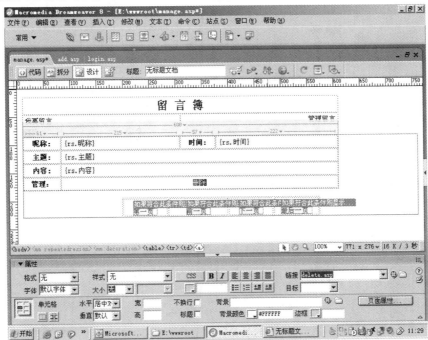

图 7-87　创建"删除链接"

⑦设置超链接的参数,名称为编号,并动态获取字段值,如图 7-88 所示。

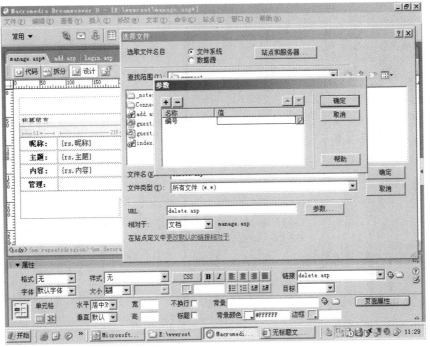

图 7-88　设置"删除链接"参数

⑧选择动态数据"编号",如图 7-89 所示。

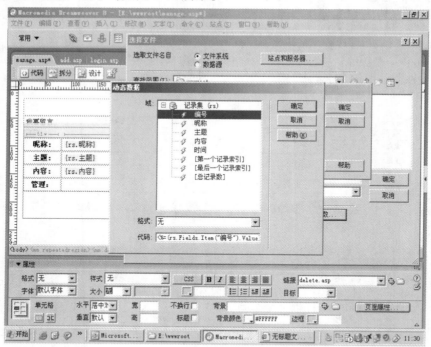

图 7-89　设置"删除链接"参数

⑨单击"确定"按钮进入下一步,如图 7-90 所示。

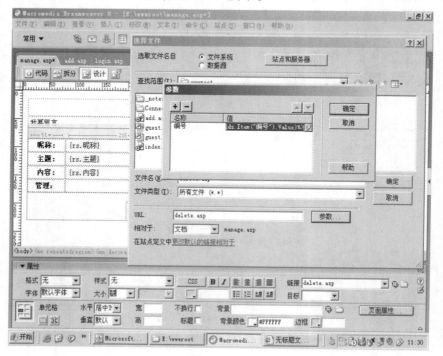

图 7-90　设置"删除链接"参数 1

⑩单击"确定"按钮进入下一步,如图7-91所示。

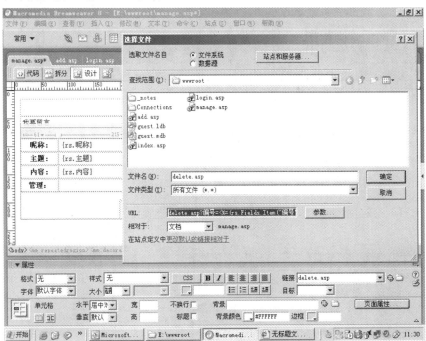

图7-91 设置"删除链接"参数2

(7)创建管理留言退出页面

①创建管理留言退出页面文件 logout.asp,如图7-92所示。

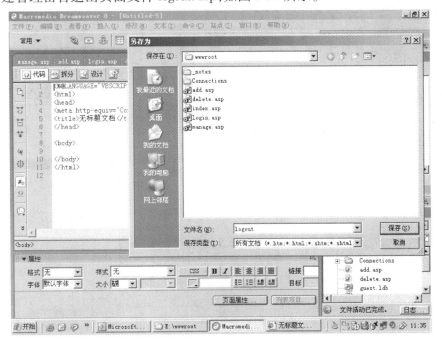

图7-92 创建"退出页面"

②选择页面载入注销方式,完成后转到显示留言页面,如图 7-93 所示。

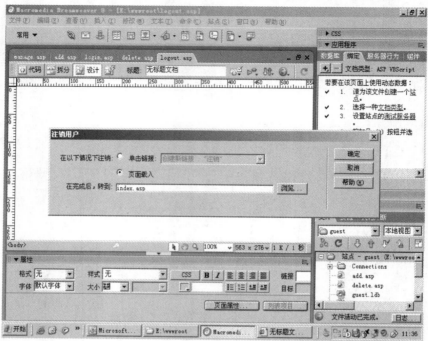

图 7-93　添加"注销用户"

③管理留言退出页面制作完成,如图 7-94 所示。

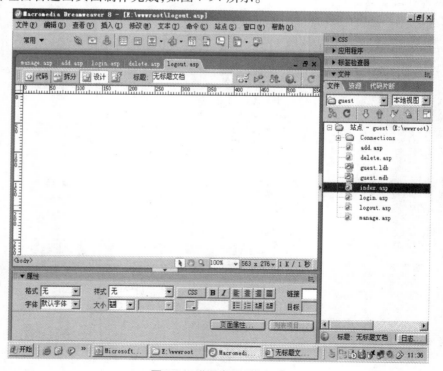

图 7-94　"退出页面"完成

练　习

按照要求配置自己网站的数据源,创建站点、配置 IIS,能运用 DreamWeaver 快速地读取数据库的数据并显示在网页中。

任务三　将客户留言写入数据库

任务概述

能够配置 ODBC 数据源,对创建的文件夹进行权限的设置和管理。然后创建设计 Access 数据库到相应目录并创建连接数据库。最后使用 DreamWeaver 完成将客户留言写入数据库。通过本任务的学习,学生能够:

①掌握数据源的配置方法。

②掌握 IIS 站点的配置方法。

③了解数据库语句。

④掌握利用 DreamWeaver 功能写入数据的方法与技巧。

操作流程

(1)创建添加留言功能页面

①创建添加留言功能页面文件 add. asp,如图 7-95 所示。

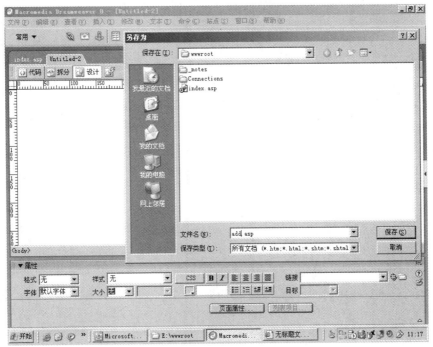

图 7-95　创建"添加留言"页

②选择"插入"→"应用程序对象"→"插入记录"→"插入记录表单向导",如图7-96所示。

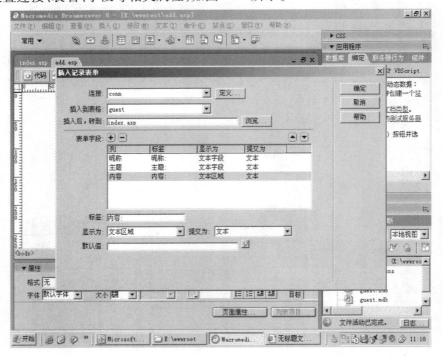

图 7-96　添加"插入记录表单向导"

③设置连接、表名、字段等相关属性,如图7-97所示。

图 7-97　设置"记录表单"参数

④添加留言功能页面制作完成，如图 7-98 所示。

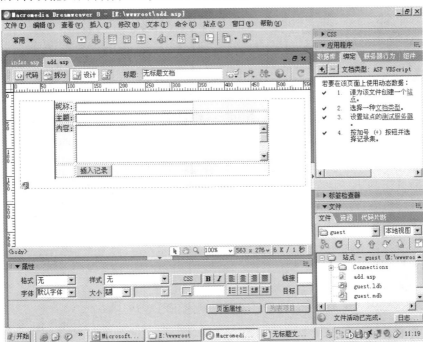

图 7-98　完成"添加留言页"

（2）创建管理留言登录页面

①创建管理留言登录页面文件 login. asp，如图 7-99 所示。

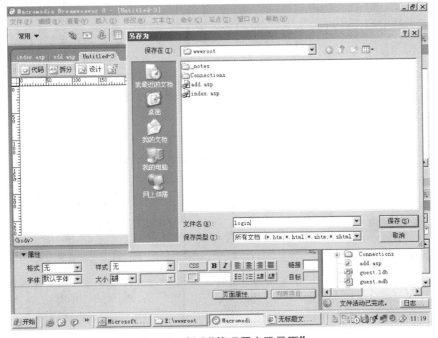

图 7-99　创建"管理留言登录页"

②选择"插入"→"表单"→"表单",插入一个表单,如图 7-100 所示。

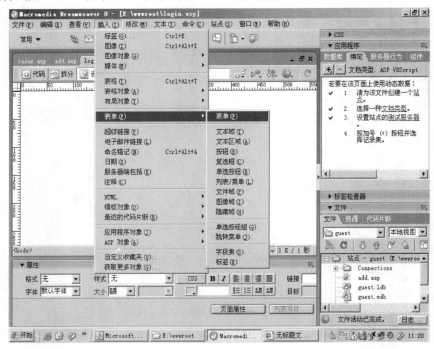

图 7-100　插入"表单"

③插入一个 4 行 2 列的表格,如图 7-101 所示。

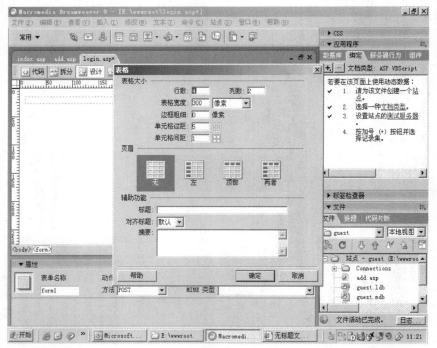

图 7-101　插入"表格"

④格式化表单并录入标题,如图 7-102 所示。

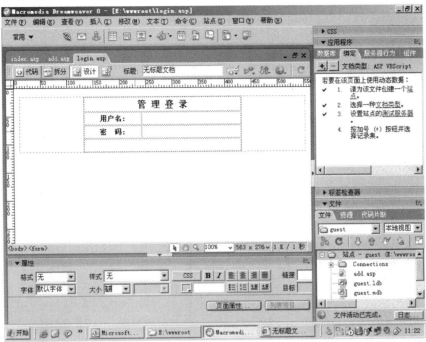

图 7-102 添加"文字信息"

⑤在用户名后的单元格中插入一个文本域,如图 7-103 所示。

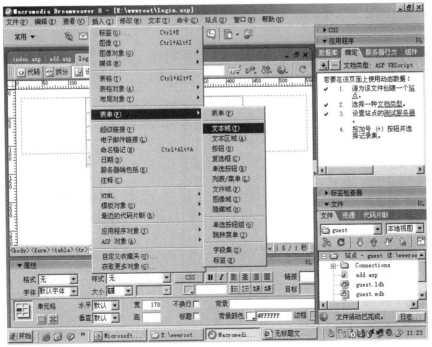

图 7-103 添加"文本域"

⑥设置文本域名称为 username，宽度为 20，字符限制为 50，如图 7-104 所示。

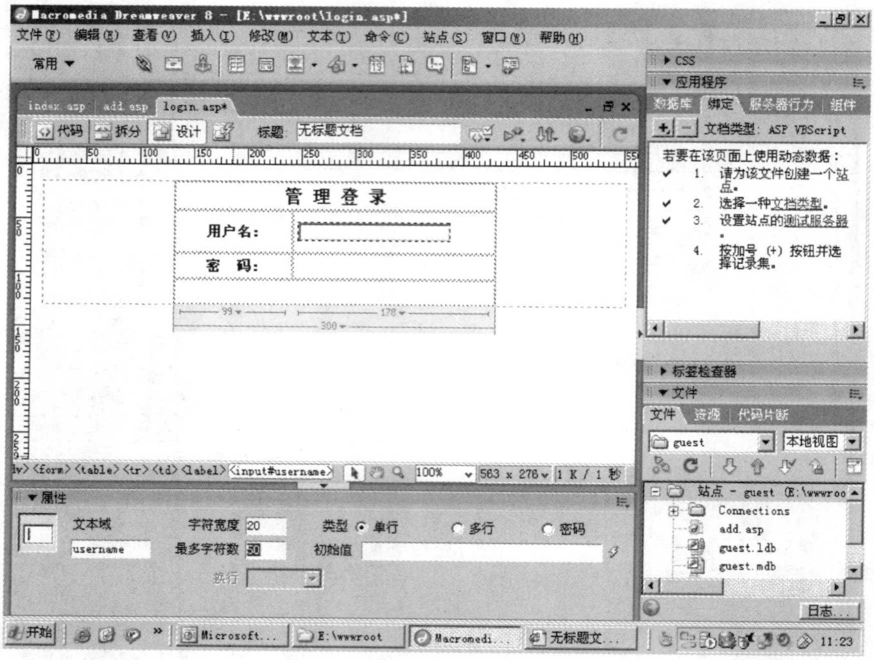

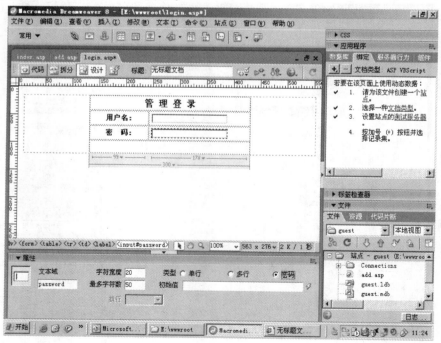

图 7-104　修改"文本域"名称

⑦在密码后面的单元格插入一个文本域，设置名称为 username，字符宽度为 20，限制字符为 50，类型为密码，如图 7-105 所示。

图 7-105　插入"密码域"

⑧插入一个按钮，如图 7-106 所示。

图 7-106　插入"按钮"

⑨设置按钮的显示值为"登录"，如图 7-107 所示。

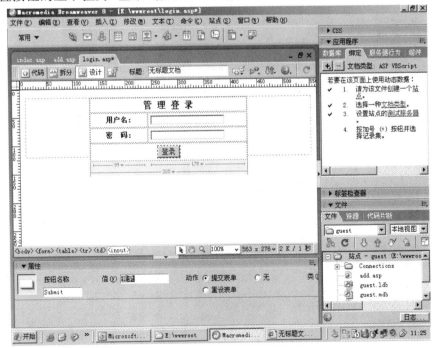

图 7-107　修改"按钮"参数

⑩选择"插入"→"应用程序对象"→"用户身份验证"→"登录用户",如图 7-108 所示。

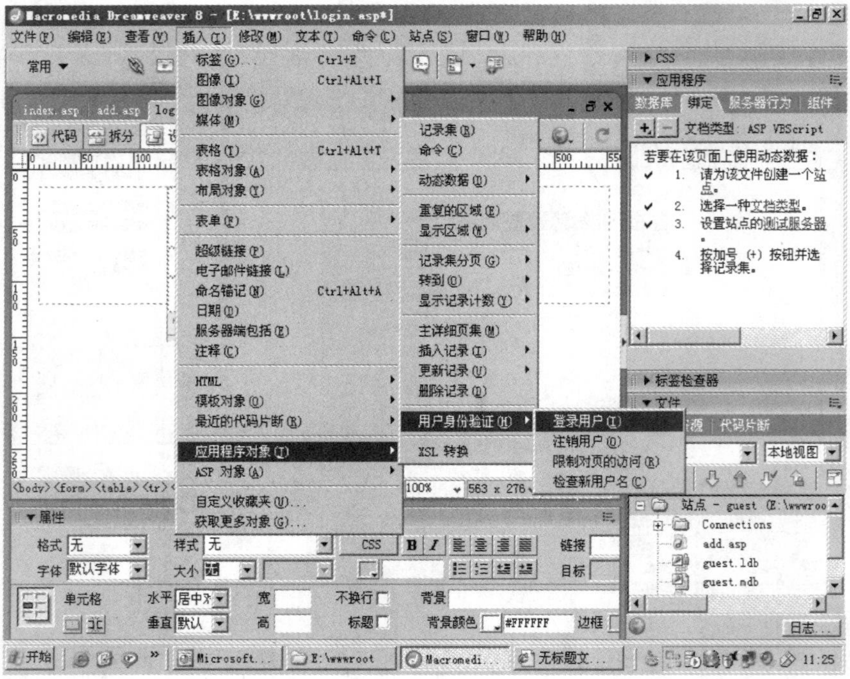

图 7-108　插入"登录用户"

⑪设置输入、验证、转到等各项的值,如图 7-109 所示。

图 7-109　设置"登录用户"参数

⑫管理留言登录页面制作完成,如图7-110所示。

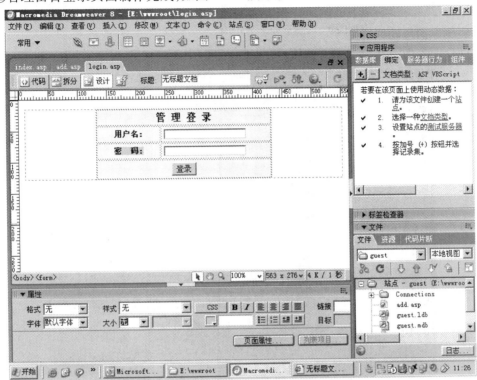

图7-110 完成"管理留言登录页"

练 习

按照要求配置自己网站的数据源,创建站点、设置站点权限,能访问和写入数据到数据库中。

任务四 删除数据库中的记录

任务概述

能够配置 ODBC 数据源,对创建的文件夹进行权限的设置和管理,然后创建设计 Access 数据库到相应目录并创建连接数据库,最后使用 DreamWeaver 完成将数据库中的记录删除的功能。通过本任务的学习,学生能够:

①掌握数据源的配置方法。

②掌握 IIS 站点的配置方法。

③了解数据库语句。

④掌握利用 DreamWeaver 功能删除数据的方法与技巧。

操作流程

创建删除留言功能页面

①创建删除留言功能页面文件 delete. asp，如图 7-111 所示。

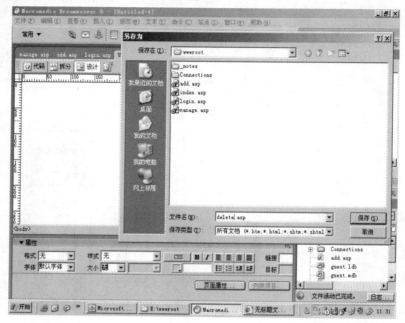

图 7-111　创建"删除留言页"

②绑定记录集，并设置筛选项，如图 7-112 所示。

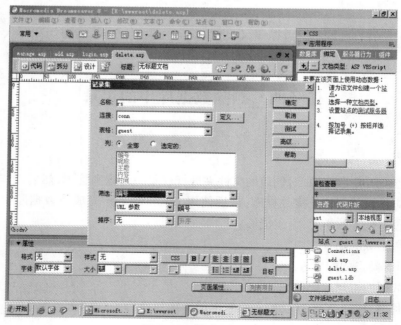

图 7-112　绑定记录集

③从管理页面 manage.asp 中复制表格,删除管理后的超链接,如图 7-113 所示。

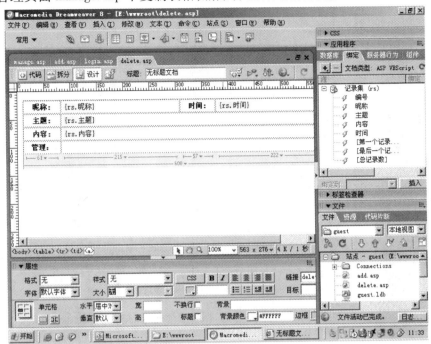

图 7-113 修改页面

④插入一个表单和按钮,设置按钮值为"确认删除",如图 7-114 所示。

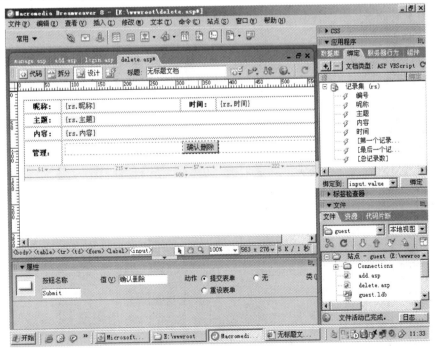

图 7-114 插入"按钮"

⑤选择"插入"→"应用程序对象"→"删除记录",如图 7-115 所示。

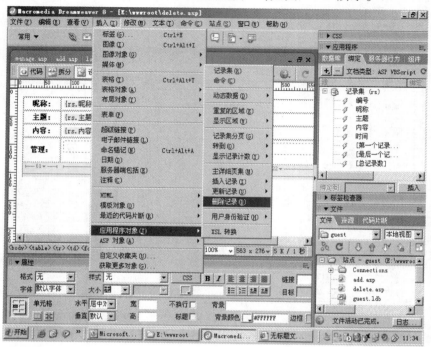

图 7-115 插入"删除记录"

⑥设置连接、表格、记录、主键、表单、转到等项,如图 7-116 所示。

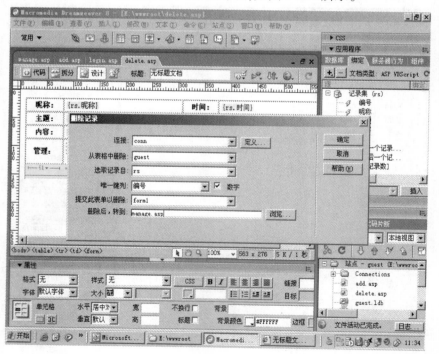

图 7-116 设置"删除记录"参数

⑦进入代码视图,选中第 3 行重复的内容,如图 7-117 所示。

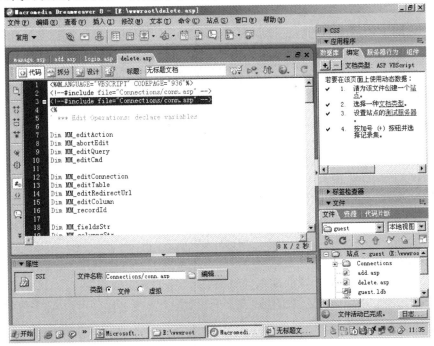

图 7-117 修改"代码视图"

⑧删除第 3 行重复的内容,否则会因变量重定义而出错,如图 7-118 所示。

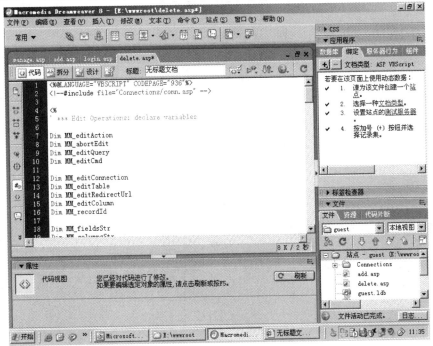

图 7-118 完成"删除留言页"

练 习

按照要求能把数据库中的数据读取到页面中显示,并根据条件完成数据的删除操作。

任务五 权限管理及效果预览

任务概述

能够设置登录后密码验证权限以及登录查看网站效果。通过本任务的学习,学生能够:
①了解网站 cookies 相关知识。
②了解网站登录查找相关知识。

操作流程

(1)完善留言功能页面
①在显示留言页面重复区域前插入导航栏,如图 7-119 所示。

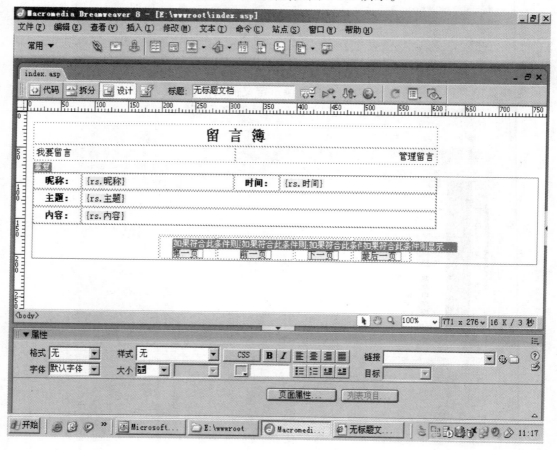

图 7-119 完善"显示留言页"

②设置我要留言、管理留言的超链接,如图 7-120 所示。

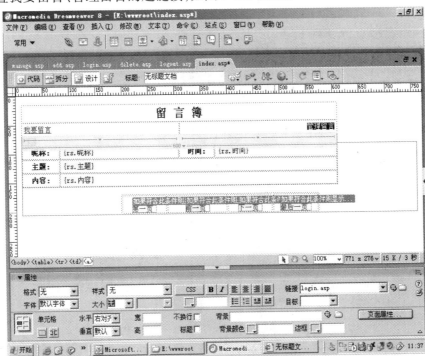

图 7-120 设置"管理留言"的"超链接"

③在管理留言列表页面设置显示留言、退出管理的超链接,如图 7-121 所示。

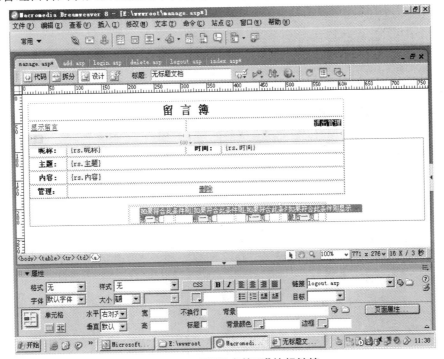

图 7-121 设置"退出管理"的超链接

④在留言管理列表页面插入"应用程序对象/用户身份验证/限制对页的访问"功能,如图 7-122 所示。

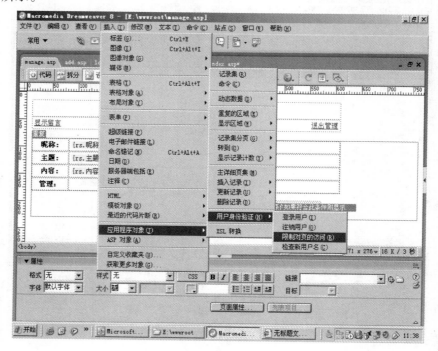

图 7-122　插入"限制对页的访问"

⑤设置基于用户名和密码进行限制,如图 7-123 所示。

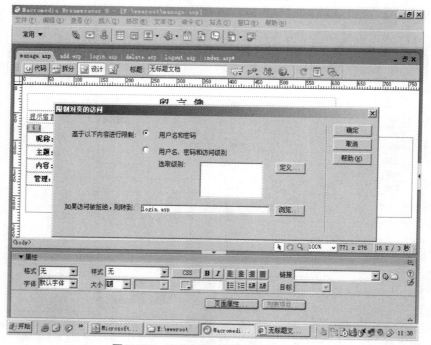

图 7-123　设置"限制对页的访问"参数

⑥对删除留言页面也插入限制对页的访问功能，如图 7-124 所示。

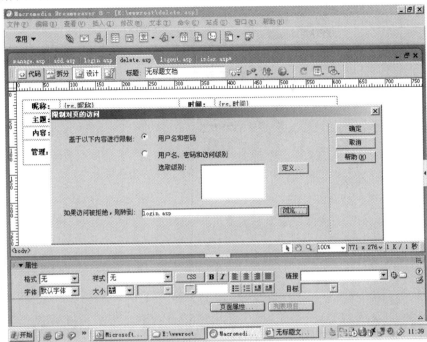

图 7-124　插入"限制对页的访问"

（2）预览整站效果

①留言显示页面，如图 7-125 所示。

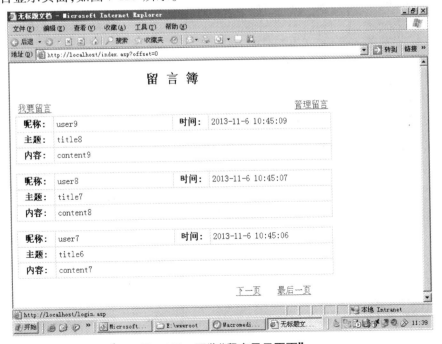

图 7-125　预览"留言显示页面"

②留言登录页面，如图 7-126 所示。

图 7-126　预览"留言登录页面"

③留言管理页面，如图 7-127 所示。

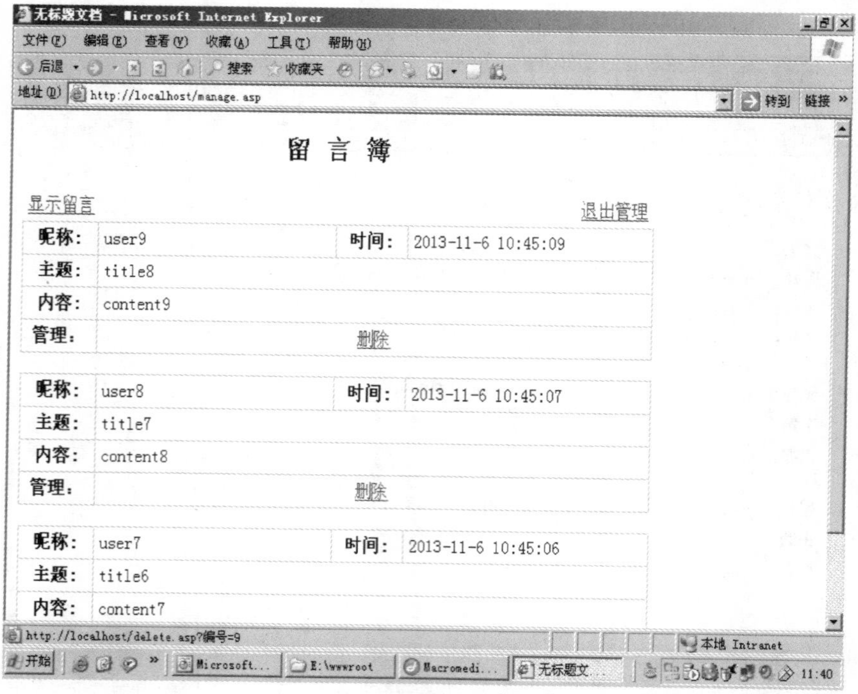

图 7-127　预览"留言管理页面"

④留言管理中的删除留言界面,如图 7-128 所示。

图 7-128 预览"删除留言页面"

练 习

按照要求能对留言系统的相应页面进行不同权限页面的限制,不同权限的用户应访问其相应的页面。